生き物と共存する

公園づくりガイドブック

神保賢一路

文一総合出版

はじめに

子どもの頃に親しんだ池や田んぼ、小川や裏山の雑木林。
子どもたちは、自然界から理屈なしに優しさや厳しさを学び、育《はぐく》まれていた頃。
地域の自然は人の心と体を育て、
成熟した社会を築く「核」としての役目も果たしていました。

住宅や車の増加、緑の減少。
人の暮らしも変わり、今や小さな都市公園の緑が身近な自然ではないでしょうか。
そんな状況の中にあっても、
人々は昔親しんだ命あふれる豊かな自然を求めてしまう。
自然とふれあい、心と体がすべての自然に癒《いや》されていたことを想い出し、
乾いた都市公園の緑の中に捜し求めてしまう。

夏の夜、ホタルの光を探し、闇の中のカブトムシの羽音に立ちすくむ。
ちょっと怖いが、感動が怖さをかき消す瞬間を味わいたい。
そんな、数十年前は何処にでもあった自然を、
もし街の中に蘇《よみがえ》らせることができたなら、
再びあの自然と付き合えたなら・・・なんて素敵なことだろう。

都市の中の豊かな自然。野生動植物との共存。
多様化する現代社会にあって、それを現実化していこうとすれば、
かなりのリスクも覚悟しなければなりません。
街の中で伸びるにまかせた草地は、火災が心配される。
鳥のため、虫のためと言っても、子どもの背丈を越えるような草地は、
犯罪や事故が発生する恐れも十分考えられる。

動植物を愛好する人がいるように、
散歩やジョギングを目的とする人もいます。
緑や自然は人それぞれ多目的な形で利用されています。
健康な人ばかりが公園や里などの自然を求めてくるわけでもありません。
友だちやかけがえのない大切な人を失い、
自然がもつ不思議な力に救いを求めて来る人もいることでしょう。

犯罪や事故の心配もない、都市や街の中の心地よい豊かな緑と自然の中で、
人と野生動物が共存できたら・・・。

『街なかで、人も生き物も快適に暮らせる環境』
いつしか私のライフワークのテーマになっていました。
手本となる文献が何一つない中でのフィールドワークは、
試行錯誤の連続でありました。

昨今、失われていく自然が見直され、多くの心ある方々が、
小さな物言わぬ生き物たちのために日夜取り組んでおられます。
計り知れない自然界の歴史から見れば、私が携わってきた30年程度の研究など、
ほんの一瞬で影すら残すことができないかもしれません。

それでも、自然を愛《いと》しみ、自然環境保全に取り組んでおられる同士の方々に、
この本が少しでも参考となれば、とても光栄で幸せなことです。

神保賢一路

目次

ウスバシロチョウ

シュレーゲルアオガエル

本書を利用する前に

●本書は大きく写真実例ページ（p15 ～ 100）と技術アドバイスページ（p101 ～ 137）に分かれます。

●写真実例ページでは、実際に著者が長年にわたり公園管理を行う中で撮影した写真を中心に、ほぼすべて実在の公園で見られた事例を紹介しています。

●技術アドバイスページでは、管理方法と時期を具体的に示すとともに、公園などでボランティア活動を行う場合の方法と注意点を、実例を基に紹介しています。

●本書のデータは、神奈川県横浜市の都市公園で得られたものですので、他の地域でご利用の場合、草刈の時期などはこれより前後することがあります。

●本文中の⇨は、関連する内容が掲載されているページを示しています。

●本文中の＊は p.138 ～ 139 に用語解説があることを示しています。

●公園は利用者のさまざまな要望を取り入れた多目的な施設です。生き物と共存する公園は、レクリエーションや野外運動の施設などと共存する環境でもありますので、管理計画はできるだけ広くの関係者と相互理解を図りながら進めることを望みます。

生き物のいる公園とは

生物の多様性は、多様な環境が存在していることの証《あかし》です。動物にも、植物にも優しい環境。そこには私たちの心と体を健康にしてくれる自然がいっぱい詰まっています。豊かな環境は、さまざまな出会いと感動が入った宝箱のようです。

生き物のいる公園の魅力

タチツボスミレ

豊かな自然には、私たちを感動させてくれる生き物や植物がいっぱいです。心も体も癒《いや》し、リフレッシュさせてくれます。自然は、不思議な力で私たちに元気を与えてくれます。

突然のカワセミとの出会いに、驚きと感動で立ちすくむ中年のご夫婦。このめぐり合いに二人は互いに感謝し、この小さな宝石のような鳥がいつまでも元気でいてくれることを願っていました。映像などでは伝え切ることができない野生の魅力。一つがいのカワセミがご夫婦を虜《とりこ》にした瞬間でした。

人目も気にせず、一羽のコゲラが食事に夢中。そんな出会いがきっかけとなり、ある人は森の案内人となり、生き物たちのサポーターとなっていきます。

オミエナシの花の蜜《みつ》を吸うアカタテハ（左）
とクヌギの樹液に来たカブトムシ（上）

植物たちの暮らしを知れば、昆虫たちの暮らしが見えてくることでしょう。虫たちの色とセンスと身のこなし。今まで気付かなかった足元の野性。さまざまな野生と自然が存在することは、さまざまな感動が待っていることを約束してくれます。

生き物の最後のオアシス

開発の波を逃れ、辛うじて生き残った者がたどり着いた先は都市の公園や緑地かもしれません。今や、公園の草地や林、池や沼などの水辺は、生き物たちの最後のオアシスとなろうとしています。

モズ

里山の自然。そこに暮らしてきた身近な動植物の存在が今日あるのも、先人たちが引き継ぎ残した宝物です。これを私たちの代で失うことは許されることではありません。私たちは次の世代にこの宝物を引き継ぐ義務があることを肝に銘じなければなりません。

アオサギ（上）、**ベニシジミ**（下左）、**カナヘビ**（下右）

現在は、山奥に暮らす特別天然記念物のニホンカモシカよりも、里に暮らす小さな生き物たちの生存が難しい状況となっています。ちょっとした配慮と工夫で、都市公園の自然が豊かなオアシスとなり、生き物が暮らせるようになります。

生態系をつくる

景観ばかりが優先され、野球場の芝地の中に木々があるような都市公園も、生態系を意識した手入れや管理によって大きく変化します。そこに暮らす生き物をイメージして環境をつくることが大切です。

コバネヒメギス

昆虫をねらって降下するトビ（上）、
ハコベの種を食べるキジバト（右）

多種多様な植物が育つ草地や茂みは、昆虫を育《はぐく》み、鳥の暮らしを支えます。小さな空き地が豊かな緑に包まれたとたん、多くの生き物がそこに集まってくることでしょう。

木々の種類や茂り方、下草の種類など、一口に林といっても環境はさまざま。生き物が集まる林と少ない林。どこに違いがあるのかを知ることから、環境づくりが始まります。

小さな水辺でも、生態系のバランスがよければ、多くの生き物が暮らすことができます。

観察会に参加しよう

ヒキガエルやアカガエルは、ドジョウやフナが冬の眠りについている間に水中に産卵し、土の中に戻って春を待ちます。オタマジャクシが子ガエルになって水辺を離れる頃、ようやく天敵である魚が目覚めることを親ガエルは知っているのです。そんな生き物たちの戦略を知れば、身近な自然の中に隠されているドラマが見えてきます。

自然観察のリーダーは、観察のコツや自然との付き合い方に気付かせてくれます。それまで見えなかったモノや状況が、霧が晴れるように見えてきます。心と体を集中して行う自然観察の楽しみを体感する瞬間です。

握りつぶした一つの命が、数百匹の中から生き残った命だと知ったとき、子どもたちは、体から心の中に命の重みを感じることでしょう。そこに小さな命の営みがあることを知ったとき、思いやりや優しさが芽生えるでしょう。時には一人の軽率な行動で、みんなをガッカリさせてしまうことも大切な体験。モラルやマナーが、自ずと身についていくことでしょう。

豊かな自然は、大人も子どもも分け隔てなく大切なことをたくさん教えてくれます。きっと、あなただけの宝物が見つかるはずです。

著者が行っている野鳥観察会の一コマ 何かを発見するたびに、子どもたちの目が輝きます。野生との出会いは、私たちの自身の生活も自然に支えられていることに気付かせてくれます。

草地

— 生き物と環境 —

生き物にあふれた草地は、草刈の時期と方法を工夫することで、場所を選ばずに完成します。バッタやチョウが舞い、野鳥や動物が集う「小さなふるさと」を子どもたちにプレゼントできるでしょう。こうした草地は、植物が、あらゆる環境の中で生き物を支え、野性を育《はぐく》み共存する核となっていることを教えてくれます。

小さなお花畑

ハルジオンに来たベニシジミ

花遊び。どの子の顔にも穏やかな優しい心が表れています。自然が平等に子どもたちを受け入れ、包み込んでいるからでしょうか。自然が、人の心と体を育てることを実感する瞬間でもあります。

花遊びをする子どもたち

お花畑は子どもたちに大人気！遊び方は、さまざまです。

野草のお花畑に囲まれた駐車場（左）**と草刈のダメージを受けた駐車場の草地**（右）

見落とされがちな場所ですが、手入れの仕方で豊かな緑地になります。⇨ p.110

雑草のお花畑　シロツメクサ、アカツメクサ、ハルジオン。どれもこれも嫌われ者の雑草です。しかし、そんなお花畑でもどこか懐かしく、心癒《いや》されるから不思議なものです。5月、6月の草刈を休めば、野草や昆虫があふれるお花畑が完成します。

小さなお花畑にすむ昆虫たち

高さ20cm足らずの野草のお花畑は、昆虫にとっては、とてつもない大自然のようです。小さなお花畑に大きな生態系の世界があることを、私たちに教えてくれるはずです。

コアオハナムグリ　花粉や蜜《みつ》をもらう昆虫、受粉を手伝ってもらう花。互いに大切な存在です。

ヤマトシジミ　カタバミの葉に卵を産んでいます。

コバネイナゴの幼虫　春の草地でひと休み。若草を食べて育つイナゴの子ども。

バッタと遊べる草地

里や公園緑地の草地は、同じ環境にあっても草刈の時期と回数によって植生が変わってしまいます。適切な草刈によって、ショウリョウバッタやイナゴ、クサキリなどの昆虫と遊べる草地が誕生します。

ショウリョウバッタ

セスジツユムシ（上）**とクサキリ**（右）
バッタやキリギリスが、足元から次々と跳び出してくる草地は、歩いているだけでも楽しくなります。

草刈の片付けは数日後に
刈った草が枯れてしまえば、昆虫は移動していきます。その間約数日。草の片付けは、全員の避難が終了するまで待ってあげましょう。

虫捕りに向かう子どもたち　適切に管理された草地には、バッタやキリギリスをはじめ多くの昆虫が生息します。

パッチ状の草地
限られたスペースの環境すべてを、一度に変えない工夫も必要です。部分的に刈り残すことで、昆虫たちのオアシスができます。

草刈時期

ショウリョウバッタやイナゴ、クサキリなどの昆虫と遊べる草地づくりは年２～３回の草刈をお勧めします。⇨ p.114

地上で卵を抱くキジ

ニホンキジのオス

5月～6月中旬。里の草地や藪《やぶ》の中で、ニホンキジやコジュケイが卵を抱いています。ニホンキジの抱卵日数は23日間、ちょっと小型のコジュケイは18日間、草地の中で卵を守り続けます。

抱卵中のニホンキジのメス

草むらの中からこちらを見ている鋭く光る目。ニホンキジのメスはすさまじい気合で卵を守り続けます。人が立ち入るすきもない気迫の奥に恐怖と戦うニホンキジの姿は、一度出会ったら決して忘れられません。

抱卵中のコジュケイ

子だくさんで、1度に7個以上の卵を産みます。

6月の林床*の草地　こうした草地の中で、ニホンキジやコジュケイが卵を抱いています。

無事ヒナがかえったニホンキジの卵

コジュケイ　繁殖期には「チョットコイ、チョットコイ」と大声で鳴きます。

生息地の草刈は抱卵が終わってから

踏まれる寸前まで卵を守り続けるニホンキジやコジュケイ。この行動が自身の命を落とす原因となっていることが少なくありません。草刈機の鋭い刃に巻き込まれ、突然、腹や頸《くび》を切られて草地から飛び出します。こうした事故を避けるために、草刈は無事ヒナがかえってから行います。⇨ p.104、p.112

ヒガンバナ

9月、突然土の中からヒガンバナの花茎《かけい》が顔を出し、長い首の先に赤い大きな花を咲かせます。花が終わると葉が現れ、秋から冬にかけて栄養を球根に蓄えます。春、ほかの草が芽を出す頃、葉は土に戻ります。

ヒガンバナとモンキアゲハ

ヒガンバナの花の群れ（上）
このような光景を楽しむためには、適切な草刈が必要です。9月、ヒガンバナの自生地は高さ1mを超える植物に包み込まれます（右）。いくら元気良く首をのばせるヒガンバナでもさすがにお手上げ。花は、ほかの植物に埋もれてしまいます。

⇨ p.106、p.110

ヒガンバナの葉
秋から冬、他の植物が枯れた草地で、ヒガンバナの葉は日光を独り占めにしています。この時期、葉からたっぷりのエネルギーの元を運ばれて、地下の球根は大きく育っていきます。

ヒガンバナの開花を予告する花

ヒガンバナの花を楽しむには、花茎が顔を出す 10 日ほど前に草刈を行う必要があります。刈り高は 5cm ほど。そのためには、ヒガンバナの花茎がいつ頃地上に顔を出すのか、おおよその判断が必要となります。そこで役立つのがキツネノカミソリとツルボの開花期です。この 2 種の花が咲く時期で、ヒガンバナの開花期の見当がつきます。

キツネノカミソリ（左）**とツルボ**（右）
この 2 種の花が 7 月中～下旬に咲けばヒガンバナは 9 月上旬、8 月下旬であれば、ヒガンバナは 9 月中旬に開花します。

冬鳥のための草地①

昆虫が、さまざまな形で地中や落ち葉の下に隠れる冬。鳥の多くは、草の種や木の実を食べています。エノコログサやオオバコなどの草の種は、ホオジロやカシラダカなどの大切な食物となっています。

種をつけたエノコログサ

ススキの種を食べるスズメ 草の種は、小鳥にとって大切な冬の食物。

カシラダカ　1日約 4000 粒の草の種を食べます。4000 粒というと非常に多く思えますが、大さじ 2 杯ほどの量です。

アオジ
10cm ほどの高さのエノコログサの種を食べています。秋の刈り高が小さな植物を育てます。
⇨ p.106、p.112

ホオジロ
足元に生えるメヒシバの種を食べています。

冬鳥のための草地②

種をつけたメヒシバ

９月下旬に刈り取った草は、１１月頃、低い位置でたくさんの種をつけます。高さ 10cm 位の草地は火災の心配もなく、人も、草の種を食べる小鳥も、快適に過ごせる空間となることでしょう。

秋の草刈時期と環境　写真中央から上は９月 20 日、下は 10 月 20 日に草刈を行いました。10月に刈り取ってしまった草は、再び成長を始めても種はつけません（写真は11月下旬。他も同様）。

オオバコ

高さ 10cm ほどで種をつけます。

イヌタデ　9月の草刈後、高さ30cm以内で種をつけます（上）。本来は高さ80～100cm（左）。

チカラシバ　9月の草刈後、高さ20cm以内で種をつけます（右）。本来は高さ50cm以上になります（下）。

冬から春へ

冬、枯れ草の中では、秋に成虫になったクビキリギスやツチイナゴが、春が来るのを静かに待っています。動物も植物も、木枯らしに耐え、春風を迎える準備をしています。

ツクシ

12 月の草地　枯れ草刈にはまだ早すぎます。

ツチイナゴ

クビキリギス

2 月の草地　草の種が地面に散る頃には、新しい春の芽が顔を出します。枯れ草刈の適期です。⇨ p.109

春を待つロゼット*

オオイヌノフグリ　早春の草地を空色に彩ります。秋の刈り高が、この景観をつくります。

ホトケノザ
3月から5月にかけて、赤紫色の小さな花を咲かせます。

在来タンポポ
日本在来のタンポポは、外来種のセイヨウタンポポと異なり、春先にだけ花を咲かせます。

ツマキチョウ
1年に1回、春にだけ出会えるチョウです。

公園からヤマユリが消えた理由

最近、公園の緑地でヤマユリを目にすることが少なくなりました。ところが、農家の方が手入れをされている土手や林には、昔と同じようにヤマユリが立派な花を咲かせているから不思議です。

じつは、不必要な春の草刈で、かなりの数のヤマユリが刈り取られているのです。4月、ヤマユリの成長点*は15～20cm、5月で40～50cm程度。草むらの中からヤマユリだけを刈り残すには、かなりの熟練の術が必要です。

春、農家の方々は夏野菜の植え付け、田植えの準備の代掻《しろか》きで猫の手も借りたい忙しさ。土手や林の草刈どころではありません。トマト、ナス、キュウリの植え付けが終わり、ジャガイモ、タマネギ、梅もぎが済めば7月も間近。この頃のヤマユリは大きな白いつぼみをつけて自分の存在をアピールしています。大切に刈り残されたヤマユリは大きな白い花を毎年咲かせています。

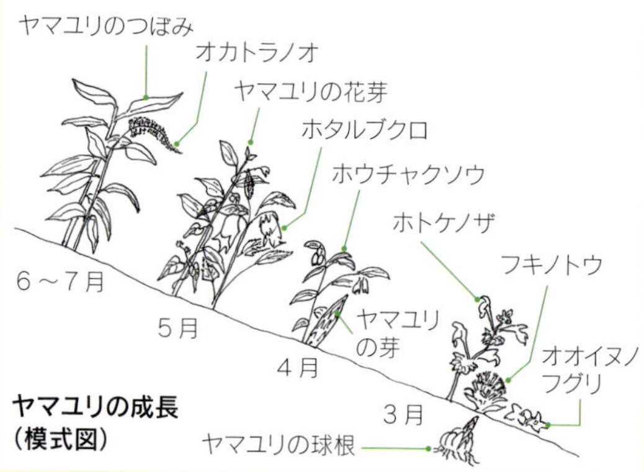

ヤマユリの成長
（模式図）

梅雨の終わりを告げるヤマユリの花。甘い風が花の場所を教えてくれます。⇒ p.110

林

― 生き物と環境 ―

里や公園緑地などの林。スギ・ヒノキなどの人工林。これらの環境は、人と共存することにより繁栄してきました。身近な林は、私たちの暮らしとともに完成された自然です。カブトムシやクワガタムシ、スミレやカタクリたちも、この自然の中で育《はぐく》まれた友。互いの存在と繁栄があってこそ、豊かな自然と野性が保証されます。

雑木林の伐採①

コナラのドングリ

雑木林の木々は 12 ～ 15 年に 1 回の割合で伐採されることで若返り、豊かな生態系を維持していきます。伐採後数年間は林床に十分な光が届き、草本類の開花、繁栄に大切な環境がつくり出されます。

伐採され、太い杭《くい》のようになったクヌギやコナラ（3月）。地面から 40 ～ 50cm 位の高さで切ります。

伐採適期

3月上旬～中旬が雑木林伐採の適期です。切り出した雑木を炭焼き、シイタケの原木に利用するのであれば 11 月頃から始めたいところです。ただし、この時期の伐採は春にすべての切り株から若芽は望むことはできません。3月上旬～中旬の伐採なら、春の芽吹きはほぼ 100%です。11 ～2月ですと、70%に達すれば良い方です。⇨ p.102

伐採３か月後には、新しい芽が元気良く出てきます（6月）。

落葉樹を切った場合、株に十分な光が当たることが成長の条件です。日照不足の環境では、せっかく芽生えても枯れてしまいます。

２年後にはさらに芽が伸び、新たな林が完成します。

雑木林の伐採②

ヒヨドリの巣

伐採後 10 年～ 15 年の雑木林は、木に巣づくりする鳥にとって、かけがえのない場所を提供しています。伐採４年目頃から、クヌギやコナラにドングリがなり始め、その量は年々増加していきます。

伐採 5 年目のコナラ　キジバトやヒヨドリ、カワラヒワの繁殖巣の多くは、若い林で観察されます。

雑木林の更新と動物たち

伐採によって若い林を誕生させることを「更新」といいます。里山の林は 12 ～ 15 年周期で伐採され、炭やシイタケの原木などに利用されてきました。若い林にたくさん実るドングリは、クマやシカ、イノシシ、ノウサギ、タヌキ、ムササビ、キジ、オシドリなど多くの生き物の食物となります。近年、野生動物が食物を求めて人里へ姿を現すようになったことは、山の管理が放置され、若い林が消失したことと無関係ではないでしょう。

ほぼ同一環境で育った4種類の木を伐採後、芽吹きの割合が高かった順に成績をつけてみました。
1位：クヌギ
2位：エノキ
3位：コナラ
4位：サクラ

伐採４年目のクヌギ
立派な若木に成長しました。30 年以上のクヌギは、このような若い木に比べて実つきが悪くなります。

クヌギのドングリ　伐採４年目、たくさんのドングリがなりました。ドングリは、動物や鳥の大切な食物になります。

雑木林の昆虫

雑木林の樹液に集まるカブトムシやクワガタムシ、オオムラサキ。どの昆虫も、若い林が大好きです。放置された雑木林を若返らせることで、オオムラサキの舞う懐かしい風景が戻ってきます。

国蝶・オオムラサキ

カブトムシ　雑木林の昆虫の王様です。カブトムシを見つけた子どもたちは大騒ぎ!

コクワガタ　最も身近なクワガタムシです。

樹液のレストランに集まる昆虫　春に伐採したクヌギの株。オオムラサキ、カナブン、アオカナブンが集まり、夢中で樹液を吸っています。

常緑雑木共生林*

アラカシのドングリ

シイやタブなどの常緑樹の薄暗い林に囲まれて衰弱した雑木林を復活させるためには、常緑樹を伐採します。雑木林と常緑樹が共存することで、両者の環境に生息する生き物を同一の場所で見られるようになります。

常緑樹の大木に囲まれた薄暗い林
太陽の光が十分届かない森の中。細々と生きているエノキやコナラなどの落葉樹を復活させようと伐採しても、芽吹きは望めません。常緑樹と落葉樹を共存させるためには、常緑樹を伐採します。

スダジイ（左）**、シラカシ**（右）**の小株**　常緑樹も、クヌギやコナラと同様、3～4月が伐採適期です。6月頃には切り株から若芽が吹き出し、年内には切り株全体を包み込みます。

常緑雑木共生林　シイやカシの大木を伐採すると、林が一挙に明るくなります。林床植物に生きるチャンスが与えられ、草地とは一味ちがったお花畑が出現します。

常緑樹の小株　薄暗い林の中でも、常緑樹の小株は元気に育ちます。たとえば、スギ林の中に常緑樹の小株をつくることもできます。

林の草花

カタクリとギフチョウ

木々の葉のすき間を通して光が射し込む林床*。草花は、開花のチャンスを待っています。早春から初夏にかけての草刈を控えて辺りを見渡すと、カタクリやエビネが出迎えてくれることでしょう。

雑木林の林床の比較（3月）　適切な管理をすれば、冬でも林床を豊かに保つことができます（上）。草刈の時期や刈り高を誤ると、林床は表土が露出し、根がむき出しになって荒れ果ててしまいます（右）。⇨ p.105、p.110

ササバギンラン
5月頃、林の中で可憐《かれん》な花を咲かせます。ギンランに似ていますが、ササバギンランの方が花より上に葉が伸びます。

カタクリ
雑木林が芽吹く頃、林床は、カタクリのお花畑になります。

エビネ　4～5月に咲く日本の野生ランのひとつ。

ワニグチソウ　5～6月に花をつけます。アマドコロのなかまです。

キツツキは森の外科医

森や林の中を駆けずり、飛び回っている小鳥がいます。アオゲラ、アカゲラ、コゲラなどのキツツキたちです。キツツキは、ちょっと荒っぽい治療をしますが、腕の良い森や林の外科医です。

コゲラ

キツツキの虫捕り痕《あと》

キツツキの荒っぽい虫捕りは、木を枯らしてしまうとんでもない行為のようにも見えます。しかしキツツキが消えてしまったら、虫に入り込まれた木は、食害により弱っていくだけ。元気になるチャンスすら与えられません。

衰弱木の役割

キツツキの「治療」にもかかわらず、衰弱していく木々もあります。こうした木も、朽ちて土に戻る前に生命を生み出す役割を担っています。樹木、鳥、昆虫などが微妙なバランスを保ちながら、林の命は育《はぐく》まれています。

衰弱した木は、昆虫の幼虫のすみかや食料となり、成虫の隠れ家となります。

朽ちた木に産卵にきたカブトムシのメス

虫を探すコゲラ
鋭いノミのような嘴《くちばし》で弱った木や枯れ木を叩《たた》き、自分の嘴の４倍もある長い舌を使って、幹の奥に潜んでいる虫を引っ張り出して食べます。舌の先は碇《いかり》のような形になっているので、キツツキたちに発見された虫は、その長い舌から逃れることはできません。

虫を食べる鳥たち

春はすべての生き物たちの命を公平に輝かせる季節です。森や林、草原や水辺では鳥たちのライブが始まります。

スギの木の梢《こずえ》で、大声で歌うホオジロのオス。突然襲いかかるかもしれないタカの脅威におびえながら精一杯の独奏。パートナーに自分の勇気と情熱を伝えるためにより高く危険な場所で歌い続けています。

メジロやシジュウカラも、あっちの舞台、こっちの舞台で独奏中。歌声やダンスのパフォーマンスで結婚相手が決まる鳥たちの世界。じつは、想像以上に厳しい野生の社会のようです。

無事にカップルとなって産卵・育雛《いくすう》・巣立ち。ヒナは未知の世界へ命がけで飛び出して行きます。親鳥たちはヒナを野生に送り出すまで、一日中食べ物探しに没頭します。一体、一日に何匹位の虫をヒナたちに運んでいるのでしょうか。

公園や里の緑地、林の管理をしていく上で、鳥の食事状況を知ることはとても参考になるはずです。小鳥の食物量については「巣箱と鳥類保護」(1969、上原)の中で詳しく述べられています。

シジュウカラの親鳥1羽は一日平均350匹の虫を食べています。一年間では12万匹以上です。この数をシジュウカラの親とヒナたちの数に当てはめてみると、シジュウカラ一家は年間100万匹もの虫を捕まえていることになります。

アオゲラ・アカゲラ類は一組のペアとヒナ4羽で、キクイムシ、ゾウムシ、カミキリムシを一年間に75万匹捕まえているという報告もあります。小鳥たちの生活にとってどれほど多くの自然と多様性が必要なのか、あらためて思い知らされます。

イラガの幼虫を捕まえたシジュウカラ　人間にとっては危険昆虫のイラガも、シジュウカラには食物となります。幼虫を枝に叩《たた》きつけた後、脚で押さえて食べます。

枝切り*は夏

「枝切りは夏、幹切りは早春」—— 先人から受け継がれてきた山の木・庭の木の再生技です。庭木や公園木、雑木林など、人の手によりつくられてきた緑は、適切な時期に節度ある手入れが必要です。

オニグルミの枝の切り痕

夏に枝を切った痕《あと》 切り痕の周囲から樹皮が盛り上がってきます（写真は半年後）。下枝切りは、幹も少し削《そ》ぎ落とすようなつもりで行います。

枝切りの痕がふさがった幹
数年経てば、切り口は自然にふさがります（写真は３年後）。

手入れのゆきとどいた樹木　明るく開放的な広場を維持するためには、樹木の適切な手入れが必要です。樹木本来の成長と姿を楽しみたいところですが、限られたスペースではそういうわけにもいきません。地面から 40 ～ 50cm 位の高さで幹を切ることも一つの方法です。⇨ p.32

冬の枝切りは禁物！

冬に枝を切ると、多くの場合、切り口はふさがりません。春、切り口から小枝が吹き出せば良い方でしょう。切り口から腐り始め、幹に穴が開いてしまうこともあります。

冬に枝切りをした痕

幹が穴だらけになったケヤキ

間伐材のリサイクル

切り出された樹木

雑木林の手入れで切り出される樹木には、それぞれ適したリサイクル方法があります。楽しみながらチャレンジしてはいかがでしょう。野外に積んでおけば、クワガタムシやカミキリムシの幼虫の食料にもなります。

シイタケ栽培　コナラやクヌギを原木としたシイタケづくりは定番です。原木が太いほど長い年月シイタケ栽培を楽しむことができます。サクラを原木としたナメコづくりも楽しいものです。

炭焼き

炭焼きも雑木林の間伐材利用のリサイクルです。ただし、炭焼きにはすべての木で良好な結果が得られると思ってはなりません。サクラは炭になると、利用するときにパッチン・パッチンと火床から飛び出して大変危険です。ミズキは炭にするとダンボールのようにフワフワになってしまいます。炭焼きの材に最も適しているのは、コナラやクヌギ、カシ類です。

土留め　カシ・シイなど秋から春先に切った常緑樹は水分が少なく腐りにくいので、間伐材を玉切りにして、傾斜のある園路に敷けば土留め効果抜群です。

そだ柵《さく》　細い枝は、そだ柵に利用できます。柵の小枝でチョウが蛹《さなぎ》になり、バッタが産卵。生き物の暮らしに溶け込む自然の柵です。

そだ柵に産卵するヤマトフキバッタ

工作　親子で工作に挑戦！アイデア次第で、暮らしを彩る品々ができあがります。

身近な野生

すべての野生は、生と死によって成り立ち、支えられている――当たり前のことですが、それを観察できる環境は貴重です。身近な野生を見つめることで、自然界とその生態系のサイクルが見えてきます。

死んだアブラゼミ

カブトムシの墓場

命の核を次世代に引き継ぎ、役目を果たした昆虫は、生まれ育った林の中で土に戻ります。彼らの屍《しかばね》は、シデムシやミミズなど土づくりの名人によって、林を育てるためのエネルギーになります。

ミンミンゼミを襲うキイロスズメバチ

セミの体が、スズメバチの幼虫を育てます。

蜜《みつ》に夢中のヒメアカタテハ

（左）　アカツメクサで吸蜜中に、シオカラトンボのメスに捕食されました（下）。

豊かな森を支える小さな生き物たち

クワガタムシの幼虫やダンゴムシのなかまは、落ち葉や腐りかけた木などを食べて土に戻してくれます。彼らを食しているのはハサミムシやクモ、ハンミョウたち。この小さな生態系が、森や林を育て、豊かな自然を支えています。

クワガタムシの幼虫

オカダンゴムシ

ヒゲジロハサミムシ

クモのなかま

ハンミョウ

木の実と鳥

鳥が木の実を食べるということは、植物の種子が鳥によって散布されるということです。それぞれの鳥が好む木の実はさまざま。それは、多様な環境づくりに鳥たちが貢献していることを物語っています。

エノキの実

エノキの実をくわえたシジュウカラ　春から夏にかけては昆虫食のシジュウカラも、秋になると木の実を食べるようになります。

地上で食べ物を探すカケス　カケスやカラ類がドングリや種子を貯蔵する習性は広く知られています。

ウツギの実を食べるウソ　本州では亜高山帯で繁殖し、秋から冬にかけて、低地にやってきます。

林床*で木の実を探すヤマガラ　ドングリの堅いからを割って食べます。

モズの「ハヤニエ」

青く澄んだ高い空にモズが秋風を運んでくる10月。モズたちの高鳴きがあちこちから聞こえてきます。木の梢《こずえ》や杭《くい》に止まって、尾をぐるぐる回す、独特な仕草にはどのような理由があるのでしょうか。止まり場で待ち伏せをしたりするハンティングは、カワセミが魚を捕まえる行動とよく似ています。頭でっかちでどことなく愛らしい姿ですが、カギ状に曲がった嘴《くちばし》、がっちりした強い脚、鋭い爪《つめ》は小さなタカをイメージさせます。

畦《あぜ》や林縁などに暮らすバッタ類はモズの大好物です。秋草が管理され、バッタが多くすんでいる緑地には、必ずモズの姿を見ることができます。言い換えれば、モズたちの姿が存在していない所には秋草が少なく、イナゴなどのバッタ類の生息が困難なことを意味しているわけです。

モズが里の緑地のシンボルといわれる理由は、このようなことがあるからでしょう。

ところで、モズは捕まえた獲物を自分の縄張りの小枝やトゲなどに突き刺す習性があります。この行動を「ハヤニエ（速贄）」とよびます。仮にモズの姿が見られなくても、このハヤニエの存在でモズの生息を知ることができるので、注意深い観察が必要です。

カマキリを捕らえたモズ

木の梢に止まるモズ

いろいろな獲物のハヤニエ
写真左上：カナヘビ
写真左下：オナガササキリ
写真上：ガの幼虫

落ち葉

紅葉したカエデ

木々の葉が紅や黄色に色づく秋。カエデやナナカマド、イチョウやケヤキの葉が花火のような鮮やかさで季節をしめくくります。やがて秋風に運ばれ、地面に落ちた葉には大切な役目が待っています。

たくさんの生き物とかかわり合って存在する落ち葉は、豊かな森や林の環境をつくり出す核となる存在です。

オオムラサキの幼虫　オオムラサキやゴマダラチョウの幼虫は、秋になるとエノキの木の幹を降りて落ち葉のベッドに向かいます。長く厳しい冬をじっと耐え、春、サクラの花が散り始めた頃、ベッドを抜け出し、幹を登ります。

林床*で獲物を探すアカハラ（上）**とシロハラ**（左）

さまざまな落ち葉の中で、多種多様な昆虫や生き物が冬を過ごしていることを野鳥は知っています。林縁や林床のあっちこっちで、鳥が落ち葉をひっくり返している光景をよく見かけます。

腐葉土

微生物によって分解された落ち葉は、保水力と通気性が優れた腐葉土となり、植物の発育を良くする効果があります。一枚の葉っぱが、多種多様な環境をつくり出すエネルギーとなります。落ち葉を森や林へ戻すことは、私たちの大切な役割です。元気で良好な里の林や公園の緑地は、豊かな腐葉土が存在している証《あかし》です。

植林地

私たちは、木を守り、山を育てる技の数々を自然の中から学び受け継いできました。人が管理するスギやヒノキなどの植林地。そこに暮らす野生動物との共存は、人の技と情熱が支えてきました。

スギの梢《こずえ》で休むサシバ

健康な植林地　植林地の根元に降り注ぐ心地よい太陽光。活力とパワーを差し出す光は、林床植物の繁栄を保証します。

ツミ　明るい植林地は、ツミのハンティング場となります。

光が入りすぎた植林地　必要以上の間伐により、ササなどが入り込み、林床*が荒れ始めています。

放置された植林地　間伐されないと、林が暗くなり、林床植物が育たなくなります（左）。木々も発育不十分となり、強風などのストレスに弱くなります（右）。

間伐・枝打ち*は冬期、林床の草刈は年２回

スギ・ヒノキ林の間伐・枝打ちの適期は１月下旬です。冬の手入れは、動植物の暮らしへの影響を最小限に防ぐことにもなります。また、公園緑地や里のスギ・ヒノキ林は不特定多数の方々が訪れますので、来園者やハイカーの安全と火災予防には十分な対策が必要です。木を育て、人の命と山の野生動物を守るには、年２回の林床の草刈は大切な作業の一つです。⇨ p.105、p.109

竹林

４月。地面を割ってタケノコが伸び始めます。長さ数メートルに達したとき、竹の素性の見当がつきます。この時期に不要なモノを取ってしまえば、竹林は安定した本数と環境を保つことができます。

モウソウチクの青々とした林

安定した竹林　適度に差し込む光が竹の生育を促進します。

放置された竹林　高密度ではストレスなどにより良質な竹は育ちません。

春のタケノコ　気付けば、あちこち伸びたタケノコだらけ。この時期に取るのはタケノコだけです。掘り取った穴には、根の栄養剤として一つかみの米ぬかを与えると良いでしょう。

竹を切る位置　竹は、左の写真のように、節のすぐ上で切ること。右の写真のように節と節の間で伐採すると、切った後にできた空間に雨水がたまり、蚊の幼虫であるボウフラを育てることになります。

竹林の間伐

竹林の間伐の適期は秋です。４、５年以上経過した古い竹が対象です。若い竹を数多く切ってしまうと竹林の勢力を弱めてしまうので注意が必要です。古い竹は表面の色などで判断できます。下の図のように、傘を差して歩ける間隔が適切です。

写真左側の黄色っぽく見えるのが古い竹です

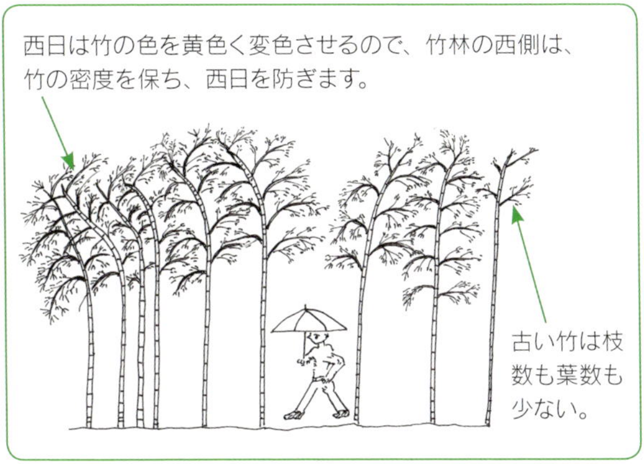
西日は竹の色を黄色く変色させるので、竹林の西側は、竹の密度を保ち、西日を防ぎます。
古い竹は枝数も葉数も少ない。

鳥の巣と巣箱

鳥の種類によって、巣の形や大きさは異なります。木のうろのようなすき間を利用して巣づくりをする鳥の多くは、巣箱も利用します。冬の間に、間伐材で巣箱をつくり、設置してみてはいかがでしょう。

間伐材を利用した巣箱

卵を抱くキジバト
樹上に小枝などを組み合わせた巣をつくります。ハト、ヒヨドリ、モズ、カラスなど、こうした巣をつくる鳥は、巣箱は利用しません。

オオシマザクラの幹に掘られたアオゲラの巣　繁殖期以外にもねぐらとして利用します。空家となった古巣でムクドリが子育てをしたことがあります。戸袋やひさしのすき間は大きな巣箱のようなものです。

巣箱を利用するシジュウカラ

シジュウカラ、ムクドリ、アオバズクなど、巣箱を利用する鳥はさまざま。利用してほしい鳥の種類によって、巣箱や入り口の大きさ、設置場所を工夫する必要があります。⇨ p.126

ウグイスと茂み

スズメよりもちょっと小さな鳥。茂みの中をバッタのように跳ね回って動く、恥ずかしがり屋のウグイスの姿はなかなか見ることができません。ウグイスにとって茂みは子育てと自分の身を守る大切な環境です。里の林や森でこれほど茂みや藪《やぶ》を必要としている鳥は、ほかにはいないかもしれません。その茂みが、最近減ってきています。

ウグイスが巣づくりを始める頃、ホトトギスが南の国から渡って来ます。ホトトギスはウグイスの巣に自分の卵を産み、子育てをウグイスに託します。茂みの消失とウグイスの減少は、ホトトギスにも影響を与えていくはずです。

ウグイスが暮らす茂みのある環境

ウグイスの古巣

ソウシチョウ

中国からの移入種。ウグイスと同様な環境を好むため、ウグイスの生態を脅かす心配があります。

哺《ほ》乳類《にゅうるい》のフィールドサイン*

ノウサギ

春にコジュケイやウグイスが子育てをし、冬はアカハラやシロハラが地面の落ち葉をひっくり返しながら食物を探している――そんな環境が存在している場所であれば、ノウサギが生活している痕跡《こんせき》を発見できるかもしれません。痕跡を発見する、というと、いかにも消極的な姿勢のように受け取られそうですが、ノウサギは夜行性。昼間は草むらや茂みの中に潜んでいます。ですから日中は滅多にお目にかかれません。そこでノウサギの食事した痕跡やフンを観察することで、生息の可能性を探ります。

ノウサギがササや植物の茎を食べた後には、独特な形が残ります。鋭いナイフで斜めにスパッと切ったような食べ痕《あと》です。フンにも特徴があります。干し草を大豆位の大きさに丸め、指でギュッとつぶしたようなフン。

雑木林や茂みが存在している公園や緑地。その場所が仮に都市の中にあったとしても、ぜひとも調査してみてください。

タヌキ

ひと昔前、犬の放し飼いはあちこちで見られました。しかし、犬に咬《か》まれるといった事件や事故が多発したため、放し飼いは、社会から厳しい批判を受け、めっきり見かけなくなりました。

この恩恵を受けたのがタヌキ。犬が肩で風を切って夜の街を走り回っていたとき、都市のタヌキは下水管などの地下道を巧みに利用して暮らしていました。しかし、犬の脅威がなくなった昨今では、あちこちでタヌキを見かけるようになりました。今後は街の中の公園でタヌキの親子と出会う機会があるかも。タヌキのような雑食性の動物にとって、都市は天国かもしれません。

モグラ

落ち葉が適度に堆積した林や森、比較的硬い土壌の草地など。モグラ塚はこのような環境でよく見かけます（関東・東北地方にはアズマモグラ。関西地方にはコウベモグラがすんでいます）。

モグラといえばトンネル掘りの名人。その名人があちこちにトンネルを掘るのには訳があります。モグラは掘り上げた狭いトンネルの中を前進・バックを繰り返しながら巡回・移動。その際、天井から落ちたり、トンネルの壁から侵入したりした獲物を見つけては捕まえて食べているのです。モグラ塚が存在する場所の地下にはモグラの食欲を満たすコガネムシやカブトムシの幼虫、ミミズやヤスデといったたくさんの生き物が暮らしています。

モグラは土の中の食物連鎖の頂点に立つ哺乳動物といってもよいでしょう。ちなみに、狭いトンネルの中を前後に自由に移動するモグラの体毛の生え方には方向性が無いのが特徴。モグラにとってトンネルは獲物を捕らえるための大切な狩場です。

モグラ塚

公園で保護したタヌキ

タヌキのフィールドサインの代表は、この写真のような溜《た》め糞《ぐそ》*です。林内や竹林で、よく見られます。

タイワンリスの脅威

　タイワンリスの原産地は、台湾南部および東南アジアの森林です。樹上生活をし、果実やつぼみ、花、葉などを食べます。日本では、関東以南の本州、九州の各地で動物園などから逃げ出したものが野生化し、行動圏を広げています。強力な天敵がいないため個体数が増え、森林にとどまらず街路樹や庭木にまで被害が拡大。今後の動向に大いに注目する必要があります。

冬季、枝や幹から皮をはいで水分をなめとります。木は丸裸にされてしまいます。

水分をなめとった後、捨てられた木の皮

ハリギリの新芽を食べるタイワンリス（上）と食害で枯れたハリギリ（右）

高木の樹上に、小枝や葉を集めてバスケットボールより少し大きな丸い巣をつくります。１年に２回繁殖し、１回に２～３匹の子を産んで育てます。

園路

― 生き物と環境 ―

ヤマブドウ・ヤブカラシ・ハンノキの若木・ウマノスズクサ。園路の脇に完成した「緑の砦」は、植物の展示場のようです。定期的に成長点を刈り取ることにより、特定の植物だけがその環境を独占するようなことはなくなります。環境の多様性は種の多様性へと進み、園路は、楽しい自然観察路となるでしょう。

緑の砦《とりで》

ジャコウアゲハ

里の小道や公園園路の脇に一歩踏み込めば林の中。緑の砦はキジやタヌキ、ノウサギたちの出入り口。街の乾いた風やほこり、音や光までも植物のカーテンが吸収して、クリーンフィルターのようです。

緑の砦は、林内への人の立ち入りを防ぐための自然の柵の効果もあります。

緑の砦づくり

7月と10月に刈高30cmで刈り込めば、2、3年で完成します。ぜひチャレンジしてみてはいかがでしょうか。マント群落、ソデ群落*（緑の砦）は、多種多様な動植物の生活を支える大切な環境であることが証明されるでしょう。

緑の砦は、場所を選ばずにつくることができます。舗装された園路でも、問題はありません。

緑の砦の生き物たち

よく見てみると、ハンノキ、カラスザンショウ、サルトリイバラ、コナラ、クヌギ、スイカズラ、ヤマブドウ、ウマノスズクサなどなど、たくさんの植物が、緑の砦を形づくっていることがわかります。多様な植物がつくる豊かな環境は、昆虫やクモなど、小さな生き物の暮らしも支えています。

ジャコウアゲハの幼虫
ウマノスズクサの葉を食べて育ちます。

ヤマブドウの実　緑の砦の主役は、ヤマブドウのようなつる植物と、低木です。

獲物を捕らえたナガコガネグモ
緑の砦の中にも厳しい野生がいっぱいです。

切り株が守る斜面

斜面を守る元気な切り株

里や公園の急斜面。元気な切り株が腰を低くして四方八方に足を伸ばし、崖崩《がけくず》れを防いでくれています。では、元気な切り株はどのような状況で完成させることができるでしょうか。

がっちりした根が崖崩れを防いでいます。よく観察し、切り株と共存できるようにすることが必要です。

不適切な伐採で切り株が枯れたとき、土の中には腐った根がモグラのトンネルのように存在しています。そこに雨水が大量に流れ込んだとしたら。… 力尽きた土が斜面を下り、人々の暮らしに深い傷跡を残すことでしょう。

伐採する木のタイプと時期

林中に存在するシイやカシなどの常緑樹は、十分な日光が当たらなくても切り株は健康に成育していきます。ところが、落葉樹には十分な日光が必要です。いずれのタイプも３月中が、元気な切り株を完成させる伐採の時期です。

崖を守る1本の木　斜面の腰高の大木にも注意が必要です。木が元気なうちは崖を守ってくれますが、枝葉が茂りすぎると足元がふらつき、左の写真のように転んでしまいます。適切な時期に伐採し、切り株として再生させてください。

移入されたアカボシゴマダラ

現在、神奈川県内で数多く観察されているアカボシゴマダラは、おそらく中国産のものが人為的に放され、個体数を増加しつつ、分布を拡大している状況です。

もともと生息していたゴマダラチョウより、アカボシゴマダラの方が体が大きいため、樹液を独占している状況を度々見かけます。また、幼虫は、ゴマダラチョウやオオムラサキと同様にエノキの葉を食べるので、アカボシゴマダラが、これらの種にどのような影響を与えるか懸念されています。

クヌギの樹液に集まるアカボシゴマダラ

大きな翅《はね》で、ほかのチョウを追い払い、樹液を独占します。

赤星の名の通り、後翅《こうし》に赤い斑点《はんてん》があります（夏型）。

水辺

— 生き物と環境 —

動植物の生活様式はさまざまですが、水を得て生活する行動はすべてに共通しています。水辺は多くの動植物のたまり場でもあり、私たちもそのなかまかもしれません。生き物たちは長い歴史の中で、水に適応した暮らしを確立してきました。植物の存在が生態系を支える核だとすれば、水はすべての命の守り神でしょう。

ヨシ原①

5月中旬、一面のヨシは 2m 近くまで成長。まるでオオヨシキリの日本到着に合わせたように、ヨシ原は安定していきます。良好なヨシ原をつくるためには、年 1 回、10 ～ 11 月に刈り取りを行います。

オオヨシキリ

初夏のヨシ原

10 ～ 11 月にヨシを刈り取ると、翌年の初夏には立派なヨシ原が完成します。

ヨシ原でさえずるオオヨシキリ

5 月頃日本に飛来する夏鳥です。ヨシ原は、オオヨシキリのヒナのゆりかごとなる大切な環境です。

秋色に変わるヨシ原　10 月、オオヨシキリは南の国へと旅立ちます。この頃を見極めてヨシを刈り取ります。

刈り取りが終わったヨシ原　秋から冬にかけて、コサギなどの採餌場となります。

ヨシ原②

冬の陽《ひ》だまり。ヨシ原の土の中には小さな命がいっぱいです。タシギやヤマシギ、コサギやツグミ、ムクドリの大切な大食堂は、秋のヨシの刈り取りによって完成します。

コサギ

刈り取り後のヨシ原で食物を探すコサギ（写真奥・浅いところ）とアオサギ（写真手前・深場）

ヨシ原の大食堂を訪れたムクドリの群れ（岸辺）

春のヨシ原で獲物を探すアオサギ　全長93cm、翼を広げると160cm。日本で最も大型のサギです。アメリカザリガニやウシガエル、ドジョウやコイ、フナ、金魚にいたるまで、アオサギにとってはすべてがご馳走です。

池の止まり木に来たコサギ　全長60cm、純白の体に黒い嘴《くちばし》と黄色い趾《あしゆび》が特徴です。あっちへ行ったり、こっちへ来たり、落ちつきなく動き回って食物を探します。

水辺のお花畑

クサレダマ

４月。里の女神ツマキチョウが飛び出す頃、ミソハギやチダケサシ、クサレダマの子どもたちが土の中から芽を出し見上げています。気付いて守り育てれば、数年後の７月、里や公園に、水辺のお花畑が完成します。

ミソハギのお花畑　水辺や湿地の環境はデリケートなため、人が入り込まないような工夫が必要です。

出番を待つその土地の緑

水辺のお花畑づくりは、４～６月に繰り返される草刈を一休みすることから始めます（⇨ p.110）。すると、土地本来のたくさんの緑の元が、土の中に生きていることに気付くはずです。植物が教えてくれる野生のパワーと美しさが、ごく身近なところで出番を待っていることに、驚き、感動することでしょう。

湿地に群生するチダケサシ（写真奥）とミソハギ（写真手前）

ヨシ原の変貌《へんぼう》

ヨシ原は、刈り取る時期で景観が変貌します。8月にヨシ原を刈り取ると、数週間後には、セリやミゾソバが顔を出してきます。夏期、数週間ごとにヨシの成長点*をカットすることで、ヨシ原はセリの天下となっていきます。キアゲハたちは、そんな絶好な場所を見逃すはずはありません。幼虫たちはセリを食べて成長し、やがて大空へ舞い上がっていきます。

ヨシを刈った後に出現したセリ

ミゾソバ

キアゲハの幼虫

カワセミ

コバルトブルーの宝石のような鳥、カワセミの漢字名は『翡翠』――納得の美しさです。カワセミは平地に暮らす野鳥ですから、都市公園などの街なかの環境に比較的順応します。

カワセミのオス（上）とメス

カワセミが生息する環境

カワセミの主食は魚です。里にすむ鳥ですから、メダカやドジョウ、クチボソなどを捕まえています。池や小川の岸辺の植物が保全され、魚類の繁殖が良好になっていることが重要です。

冬季、護岸のヨシは必ず刈り残します。カワセミの止まり場になるだけでなく、カモ類の隠れ場所ともなります。⇨ p.112

郵便はがき

料金受取人払

牛込支店承認

1409

差出有効期間
2009年3月31
日まで

162-8790

東京都新宿区西五軒町2—5
川上ビル

文一総合出版　編集部

ご住所	フリガナ 〒　　　− 都道 府県		
お名前	フリガナ	性別	年齢
		男・女	
ご職業		ご趣味	

◆ご記入された個人情報は，ご注文いただいた商品の配送，確認の連絡および，小社新刊案内等をお送りするために利用し，それ以外での利用はいたしません。
◆弊社出版目録・新刊案内の送付（無料）を希望されますか？（する・しない）

生き物と共存する 公園づくり ガイドブック　愛読者カード

平素は弊社の出版物をご愛読いただき，まことにありがとうございます。今後の出版物の参考にさせていただきますので，お手数ながら皆様のご意見，ご感想をお聞かせください。

◆この本を何でお知りになりましたか

1．新聞広告（新聞名　　　　　　）　4．書店店頭
2．雑誌広告（雑誌名　　　　　　）　5．人から聞いて
3．書評（掲載紙・誌　　　　　　）　6．授業・講演会等
7．その他（　　　　　　　　　　　）

◆この本を購入された書店名をお知らせください

（　　　　都道府県　　　　　　市町村　　　　　　書店）

◆この本について（該当のものに○をおつけください）

	不満		ふつう		満足
価　格					
装　丁					
内　容					
読みやすさ					

◆この本についてのご意見・ご感想をお聞かせください

◆小社の新刊情報は、まぐまぐメールマガジンから配信しています。
ご希望の方は、小社ホームページ（下記）よりご登録ください。

http://www.bun-ichi.co.jp

止まり場　食物とともに重要なのが、止まり場です。カワセミは空中でホバリングし、タイミングよく水中に飛び込み、嘴《くちばし》で魚を捕まえます。しかし、この方法は日常的なものではありません。決まった止まり場から水中の魚めがけてダイビングする方がはるかに多く見られます。写真の奥がカワセミ用、手前はカモ・サギ用の人工止まり場です。

人工止まり場に来たカワセミ
水面に飛び込むための発射台です。

水面上に張り出した木の枝も、カワセミの絶好の待ち伏せ場所です。枝の下には、水面に落下する樹上の虫を食べるチャンスを待って、魚が集まっています。

カワセミの生態

1羽のカワセミは、1日に約15匹の魚を食べています。1か月で450匹、1年間で5400匹の魚が1羽のカワセミの命を支えています。カワセミは一度に6～7羽のヒナを懸命に育てます。巣立ちするまでの約25日間に2000匹以上の魚を親鳥から給餌されて巣立ちの日を迎えることができます。ただし、野生の世界には特定の生き物が、限られた食物を独り占めできるような世界は存在しないので、カワセミの苦労が伺えます。

フキノトウが顔を出す2月中旬、カワセミの巣づくりが始まります。土の崖《がけ》に直径6cmほどのトンネルを嘴《くちばし》と脚を使って掘り進みます。突き当たった奥の少し広い所が産室です。トンネルの長さは産室を合わせて80～100cmが普通です。巣穴づくりは薄暗い夜明けから早朝。日中は休んで夕方から再開され、約10日間で工事は終了します。

巣穴づくりの場所を決める際、カワセミが最もこだわるのが崖の角度です。垂直な崖やオーバーハングの崖が巣穴づくりの重要な条件となります。崖の角度が急なほど、天敵であるヘビの巣穴への侵入を防げるからです。人工的な崖をつくって、カワセミを待つ場合、崖の角度が大変重要となります。

カワセミが暮らす池
たくさんの魚たちが生活していることの証《あかし》です。

アメリカザリガニを捕らえたカワセミ

トカゲを捕まえたカワセミ

多様な食性がカワセミの暮らしを支えています。

カワセミは、条件さえ整えば、ゴミ捨て場のような所でも繁殖します。

カワセミの巣の入り口

ヒナのフンが流れ出ています。

水辺の小さな生き物

豊かな水辺には、一年中さまざまな生き物たちが集まってきます。産卵に訪れるカエルやトンボ。水中で育つ彼らの子どもたち。それらを狙《ねら》う鳥たち。大きな池にも小さな水路にも、生き物があふれています。

ドジョウ

オオシオカラトンボ　写真左は縄張りを見張るオス、写真右は羽化直後のメス。ヤゴは、池や水田などで育ちます。成虫は、繁殖期になると交尾・産卵のために水辺にやってきます。

オニヤンマ　全長約 10cm、日本最大のトンボです。ヤゴは水路などの小さな流れにすみ、オタマジャクシや小さな魚を食べて育ちます。

オニヤンマのヤゴが暮らす水路▶

トウキョウダルマガエル
池や水田の近くで見られます。

アズマヒキガエル 3月、繁殖のために池や湿地、水田などに集まります。小型の個体(上)がオス、大型の個体(下)がメスです。

アズマヒキガエルの卵塊

消えていくメダカ

水深30cmに満たない、休耕田などの入りくんだ複雑な小さな水路。体高6mmほどのメダカが安全に暮らせる環境です。水深が極めて浅いため、コイやフナなどの魚は入り込めません。水温は短時間で上昇し、プランクトンの発生と活動を活発にさせます。有機物を食物としているメダカには絶好の生活の場です。

メダカ

メダカは浅い水辺を巧みに利用することで生き残ってきた里のシンボル的な魚です。日本のどこにでもあったそんな環境の消失とともに、メダカの姿も消えていくのは残念でなりません。小さな水路は、かけがえのない地域の大切な宝物です。

メダカが暮らす環境

アメリカザリガニ

アメリカザリガニが日本にやってきたのは昭和2（1927）年のこと。ウシガエル（食用ガエル）の餌《えさ》として、はるばるアメリカ・ニューオリンズ州から横浜港に到着。帰化動物に詳しい中村一恵氏によれば、この時、横浜港には100匹のアメリカザリガニが到着したといいます。しかし、長旅の影響で生き残ったのはわずか20匹。つまり、現在日本各地に広がっているアメリカザリガニは、20匹から始まっているわけです。

ふるさとは、ミシシッピー川の流域など水深が浅く、水田のような広い湿地だといいます。日本の水辺環境や気候がふるさとと似ていることが、分布域を広げていった理由の一つでしょう。

ひと昔前、ザリガニ釣りに夢中になった思い出は私自身にもあります。水中に投げ入れた糸がピーンと張った時、すべての時間が止まった緊張感。そんな思い出を懐かしむ人は少なくないと思います。

ところが最近、アメリカザリガニの評判が悪くなっています。アメリカザリガニの侵入によってヤゴ等の水生昆虫の数が激減し、生態系が破壊されているという報告が少なくありません。

私が子どもの頃、アメリカザリガニも多かったけれど、田んぼや池、小川の中にはヤゴやゲンゴロウなどもウジャウジャいました。現在、ゲンゴロウやホトケドジョウ、イシガメやクサガメはどこに行ってしまったのでしょう。何かがおかしい。カイツブリやナマズ、サギはアメリカザリガニが大好物。そんな彼らの姿も水辺から消えています。

開発と都市化の道を振り返ってみれば、姿を消していった生き物たちは、私たちに大切なメッセージを送っているような気がします。これからも私たちは自然からの恵みをあらゆる場面で求めていくことでしょう。水や空気。食糧や燃料。健康や精神的な癒《いや》し。すべてが生態系からの恩恵です。これを「生態系サービス」といいます。

その生態系サービスが、時代とともに低下していることをさまざまな場面で感じてしまいます。

マッカジ！
エビガニ！
子どもたちにとって、アメリカザリガニは池や水辺のヒーローです。

スルメを餌にザリガニ釣り
その遊び方は、今も変わりません。

体長は 12cm ほど。最近はすっかり嫌われ者になってしまいました。

アオサギのペリット*
アメリカザリガニのカラが見えます。サギ類をはじめとした天敵*の存在が、かつては、水辺の生き物のバランスを保っていました。

畦《あぜ》

力強く植物が生きている畦や付近の環境は、じつはとても繊細な場所です。そこは、人の手によって巧妙につくり出された環境だからでしょう。畦づくりや補修は、里の水辺や水田を守る大切な作業の一つです。

草に守られた田んぼの畦

陽《ひ》だまりに小さな春が顔を出す頃、畦のあちこちに春を見つけて歩く里散歩は、体の内側から心穏やかな気持ちにさせてくれます。畦は水辺や田を守るだけではなく、豊かな自然へと誘う道しるべとなります。

●畦づくりと補修●

作業の適期は2月。田んぼの中や近くの土を使います。その土の中に、春から秋まで畦を強い根っこで守ってきた畦草の種がたっぷり含まれているからです。

❶三本鍬《くわ》で畦の近くの土を集めます。

❷集めた土を畦の脇に盛り上げます。

補修直後の水辺の畦

畦は「くろ」ともよばれます。田んぼの土を使ってできあがった畦は、まさに「くろ」です。６月の梅雨前には、「くろ」から芽生えたさまざまな植物が畦をがっちりガードするはずです。

緑に包まれた畦

畦の植物は、踏まれたり叩《たた》かれたりすることによって成育します。

❸三本鍬で形を整えます。

❹袋掛けの厚手の板で畦をしめます。

❺平鍬で仕上げます。

石垣

コンクリートで固められた護岸や崖《がけ》、法面《のりめん》。生き物の侵入を拒み、近付くことすら許さない環境のようです。これに対して、自然石などを使った石垣は、生き物との共存を穏やかに表現しています。

シダが生えた石垣

河川や水路沿いの石垣のすき間は、コイやフナ、ウグイやドジョウなどが身を隠すシェルターの役目を果たしています。

モクズガニ カニやザリガニも石垣シェルターの住人です。

地上の石垣のすき間では、キセキレイなどの野鳥が子育てをします。いくつものすき間は、ワンルームマンションのようです。この部屋の常連は、なんといってもヘビです。ときにはマムシが薄暗い部屋の中でぼーっとしていますからご注意を。

アオダイショウ
全長1～2m。成体は、鳥やネズミなどを食べます。

ヤマカガシ　全長70cm～1.5m。湿地や水田など水辺に多く、カエルなどを食べる毒ヘビです。十分注意が必要です。⇨ p.125

毒毛虫やハチに注意！

豊かな自然界の中には、我々にとって都合の良いものばかり存在しているわけではありません。油断をしていると、思わぬ危険な目にあうこともあるでしょう。最近は、特にチャドクガの幼虫による被害報告が増えています。

被害にあわないためには、まずは相手を知ることです。詳しい生態や、被害にあったときの対処法などは、118 ～ 125 ページの「危険と対策」で紹介しています。

チャドクガの幼虫集団　毒毛に触れると、強烈な痛かゆさに襲われます。

チャドクガの卵塊
卵にも毒毛があります。

チャドクガの若い幼虫の食痕《しょくこん》
こんな葉を見つけたら要注意。

クロシタアオイラガの幼虫　イラガ類の幼虫には強力な毒の棘《とげ》があり、触れると激しい痛みに襲われます。

スズメバチ
夏の間、樹液によく来ています。

空

— 生き物と環境 —

生き物たちは地球上のほぼすべての環境に適応しています。陸上・海洋・空中。身近な空中生活者は鳥たちです。一部を除き、鳥は空中生活者としての体の構造を手に入れました。しかし、空中だけで食物を得ることはできず、地上でそれを得ています。豊かな地上の環境が、空中生活者たちを支えています。

里で暮らす猛《もう》禽《きん》類《るい》①

近頃はなぜか「サシバ」が里を代表する猛禽類になっていますが、サシバは限られた期間、里の林などで繁殖する夏鳥*です。里周辺には、ほかにもいろいろな猛禽類が暮らしています。

サシバ

捕らえた獲物を食べるトビ

全長 60 ～ 70cm ほど。低地で最も普通に見られる猛禽類です。死んだ動物や昆虫類などを食べています。

タカ類に襲われたゴイサギの幼鳥

ネコやイヌは獲物を持ち去るので、こうした状況にはなりません。鳥の種類まではわかりませんが、こうした痕跡《こんせき》は、猛禽類がそこに生息していることを教えてくれます。

ツミ　全長30cmほどの小型のタカ類で、主に小鳥を狩ります。写真は、ツミを発見したカケスが、追い出しに集まってきたところ。ツミは一向に動じず、逆にカケスを追い回し、共に姿を消して行きました。

ツミの繁殖が毎年観察されている環境

最近は市街地でも姿を見かけることがあります。営巣木と食物の確保ができる環境が整えば、小さな公園でも猛禽類の繁殖ができることを教えてくれます。

ツミの調理場（写真上）と根元に散らばる羽(写真下)

里で暮らす猛《もう》禽《きん》類《るい》②

猛禽類というと、鳥やウサギなどを襲う勇猛な姿を想像しますが、意外と知られていないのが猛禽類の昆虫食です。里のハンター、チョウゲンボウも昆虫類の繁栄があって存在する猛禽類でしょう。

休息中のトビ

ショウリョウバッタを捕まえたチョウゲンボウ

全長30cmほどの小型のハヤブサ類です。空中でホバリングすることができる優秀なハンターです。

カマキリを捕まえるサシバ

サシバは、カエルやヘビ、昆虫などを捕らえています。全長49cm、ハシボソガラスとほぼ同じ大きさのタカ類です。

低空飛行で昆虫を探索するトビ
秋になると、こうした姿をよく見かけるようになります。

アオバズクの親子　白っぽく見えるのが巣立ったヒナです。全長30cmほど。カブトムシやセミなど大型の昆虫を主食にしています。夏に日本で繁殖し、南方で越冬します。

トビの虫捕り

今はどこでも見られるトビですが、昭和40年代頃までは決して多い鳥ではなかったというから少々驚きです。漁港や海岸沿いに群がるトビは、一見海鳥のようですが、そもそも里の林や草地で昆虫類を主に捕まえている、村里を代表する鳥でした。小さな獲物を捕らえる、その巧みな飛行能力には驚かされます。

トビが昆虫類や死んだ動物を食物としているのには訳があります。オオタカやノスリ、ハヤブサやハイタカなどのように強靭《きょうじん》な握力をもつ脚で獲物を仕留めることができないことです。握力の弱いトビの食物事情には、このような理由が存在しています。

秋、トビの行動に変化が現れ始めます。海から林や草地へ向かい、トビたちの虫捕りが本格的になるシーズンです。トビのお目当ては、木の梢《こずえ》近くで産卵準備中のカマキリです。はるか上空に現れたトビは、常に樹冠に鋭い目を光らせます。カマキリや大型の昆虫を絶えず探索しながら飛行しているわけです。そして突然の急降下。アッという間の出来事です。次の瞬間、上空に向かうトビの脚には大好きな昆虫が握りしめられていることに気付きます。

トビはより安全に捕らえた獲物を食べるため、飛行しながら食事を行います。私はこの行動を「飛行食」と呼んでいます。飛行食はトビのお得意行動です。サシバやチョウゲンボウもトビと同様に昆虫を比較的多く捕らえていますが、トビのような飛行食を行うところを見たことがありません。

身近な存在であるトビも注意深く観察すると、大切な環境メッセンジャーであることがわかります。少しきつい言葉で言い換えれば、9月から12月 に、トビの虫捕り飛行が見られないような里や公園緑地は薄っぺらな環境を証明しているようなものです。

トビが狙《ねら》う昆虫で最も多いのがカマキリです。

トビの群れ　虫捕りが盛んになる10月、里や林の草地にはトビがあちこちから集まってきます。

大型昆虫を捕まえて飛行食中
昆虫の翅《はね》が落下しているのが見えます。

草地に降りて獲物を探すトビ　地上に暮らすバッタ類も食物となります。

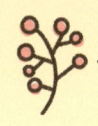

オオタカの食糧事情

イヌワシやクマタカが山の鳥なのに対して、オオタカは里に比較的多く見られます。この鳥が里山の環境保全のシンボルといわれるのはこのためです。ノウサギやキジを待ち伏せするオオタカ。まさに里の王者の風格は十分です。

しかし、私がこれまでに観察したオオタカの多くは、ハトやカラス、ニワトリを捕まえているものばかりでした。どうも、ひと昔前と最近のオオタカの食性には変化があるようです。そもそもの原因は、ノウサギやキジの生息地そのものが消失していることにあります。都市開発のスピードは、昔とは比べ物になりません。一夜にして山が消え、谷戸が埋まる。そんな光景はあちらこちらで見られます。

このような状況の中で、オオタカが街なかでカラスやハトを捕らえ、必死で生きていることは何ら不思議ではありません。私たちの生活は、多くの野生動物の暮らしを変え、たくさんの動植物の屍《しかばね》の上で繁栄を続けている事実に気付かなければなりません。

ハシブトガラスを捕らえたオオタカ

生き物のいる
都市公園をつくるために

1本の木が存在することで、たくさんの葉っぱが昆虫たちの暮らしを守ります。豊かな昆虫社会は、多種多様な植物の世界が支えます。そして、昆虫と植物の生活が、野鳥たちの暮らしを保証しています。生き物がいる公園は、動植物の暮らしにあった適切な時期の手入れと管理があって成り立っています。

生き物と手入れカレンダー 春

●草地　●雑木林　●水辺　●植え込み
●その他　●暦

植物や生き物たちの暮らしが季節の変化を教えてくれます。私たちの生活が、それに深くかかわっていることがわかります。

樹木を植える適期

落葉・常緑・針葉の各樹種で植え付けの時期は少しずつ異なりますが、厳寒期は避けましょう。

春ざしの適期

玉切りした大木も、一部を土の中に埋め込めば芽を出す、さし木の適期です。

生け垣の刈り込み

剪定《せんてい》は枝の本数を減らし、刈り込みは枝の本数を増やすための作業です。

常緑樹の植え付け

針葉のマツは３～４月。常緑のクス・タブなどは５月頃からの高温時の方が根の伸びが安定します。

ボケの花に来たメジロ（3月）

	３　月	
1	ヤナギの芽吹き	
2	ヒメオドリコソウ開花	
3		
4	タンポポ開花	クヌギ・コナラ 伐採適期
5		
6	ジンチョウゲ開花	
7	マユミの芽吹き	
8		
9	シジュウカラ巣づくり	
10	スミレ開花	
11		
12		
13	ヒキガエル産卵	
14		
15		
16	キブシ開花	樹木を植える適期
17		
18		
19		
20	カワセミ巣穴掘り	
21	春分の日	
22		
23	ミソハギ芽吹き	
24		
25	タネツケバナ見頃	
26		
27	ユキヤナギ咲く	
28	ソメイヨシノ開花	
29		
30	モンシロチョウ初飛	
31		

必要な手入れの内容と手入れを始める時期

平成18年神保フィールドノートより（神奈川県・横浜）
※暦をはじめ、すべての日付は、平成18（2006）年のものです。
年によって、数日前後しますので、目安としてご利用ください。

	4　月	5　月
1	タンポポ綿毛	キンラン開花
2		ハルジオン･ムラサキツメクサ満開
3	ヤマユリの芽が出る	
4	シジュウカラの子育て	生け垣の刈り込み
5	モズのヒナ巣立ち	ホタルブクロ開花　立夏
6		
7	コブシ満開	サツキ開花
8	モウソウチクのタケノコ出る	オオヨシキリ初認
9		シイの花咲く
10	キビタキ初認	マツの緑かき
11		エゴノキ･ヤマボウシの花見頃
12	ツツジ開花	トチの花見頃
13	ツバメ初認	
14	チャドクガ幼虫第一期発生	タケノコの間引き
15		
16	シュレーゲルアオガエル鳴く	
17		メダカの産卵
18		
19		
20		
21		
22	ムラサキケマン開花	
23		
24		
25		
26		
27		
28	春ざしの適期	クスやタブなどの常緑樹の植え付け
29		
30		
31		

生き物と手入れカレンダー　夏

●草地　●雑木林　●水辺　●植え込み
●その他　●暦

水辺のハンゲショウが化粧しはじめる頃、シュレーゲルアオガエルの大合唱が始まります。自然界の案内人はあちこちにいます。

雑木林と植林地の下草刈

どちらの下草刈も山を育《はぐく》み、環境の多様性を育てる大切な作業です。大人数での作業は、林床を踏み固め、境環へのストレスになるので気を付けましょう。

田んぼの草取り

白い小さなイネの花。花が咲いてしまうと田の草刈ができなくなるので要注意。

木の幹に並ぶニイニイゼミの抜け殻（7 月下旬）。

	6　月	
1		キジ･コジュケイ抱卵中
2	ヒメジオン開花	
3		
4	クマノミズキ開花	
5		
6	ツツジ･ユキヤナギ刈り込み	ゴマダラチョウ羽化
7		
8		ゲンジボタル舞う
9	マダケのタケノコ出る	
10		
11	ガマの穂が出る	
12		コイの産卵
13		
14		カワセミの巣立ち
15		
16	ドクダミの花見頃	
17		
18	カキツバタ見頃	
19		
20		
21	夏至	
22	アジサイ見頃	チョウトンボ初認
23		
24		
25		
26		
27		
28		
29		
30		キジ･コジュケイ巣立ち
31		

必要な手入れの内容と
手入れを始める時期

平成18年神保フィールドノートより（神奈川県・横浜）
※暦をはじめ、すべての日付は、平成18（2006）年のものです。
年によって、数日前後しますので、目安としてご利用ください。

	7　月	8　月
1	ヤブカンゾウ開花	ツルボ咲く
2		クサギの開花
3	ヘイケボタル舞う	アブラゼミ多数
4	雑木林と植林地の下草刈	
5	アオバズク巣立ち	ヤブラン開花
6		サルスベリ見頃
7		
8		オミナエシ見頃　立秋
9		
10	ウスバキトンボ初認	
11		枝切りの適期
12	クサレダマ･チダケサシ花見頃	
13		
14		
15	ミソハギ開花	十五夜
16		イナゴ成虫
17	ニイニイゼミ初認	
18		
19		
20		クズの花見頃
21	緑の畦づくり適期	
22		ショウリョウバッタ成虫
23		
24	キンカンの花咲く	
25		
26	カラスウリの花見頃	田んぼの草取り
27		
28	ヒグラシ鳴く	ツクツクボウシ鳴く
29	オミナエシ･オトコエシ咲く	
30		アオマツムシ鳴く
31	キツネノカミソリ咲く	

生き物と手入れカレンダー 秋

ホオジロやアオジ、カワラヒワやニホンキジなど、鳥たちの冬場の食物量は、この時期の草刈によって決まります。

生け垣の止め刈り

ウグイスが笹鳴きを始める頃、植込みの止め刈り開始の合図です。

マツの手入れ

北風が木々の葉を色付かせる頃、もみ上げ、からみ枝の剪定などの手入れが始まります。

ミゾソバの群落（10月）

ハラビロカマキリのメス（10月）

●草地　●雑木林　●水辺　●植え込み
●その他　●暦

	9　月
1	エンマコオロギ鳴く
2	
3	ヒガンバナ自生地の草刈
4	ススキの穂が出る
5	
6	ヤマブドウ色づく
7	
8	トチの実落ちる
9	
10	チャドクガ幼虫第二期発生
11	コスモス開花
12	
13	ヒガンバナ開花
14	
15	
16	モズの高鳴き始まる
17	
18	アケビの実が色づく
19	
20	キンモクセイ開花　秋分の日
21	ホトトギス咲く
22	
23	冬鳥のための秋の草刈
24	サザンカ咲く
25	
26	コナラのドングリ落ちる
27	アブラゼミ終鳴
28	
29	
30	ヨシ開花
31	

必要な手入れの内容と手入れを始める時期

平成18年神保フィールドノートより（神奈川県・横浜）
※暦をはじめ、すべての日付は、平成18（2006）年のものです。
年によって、数日前後しますので、目安としてご利用ください。

		10月		11月
1		カマキリの産卵が始まる		ジョウビタキ初認
2	生け垣の止め刈り		多種の草の種が付く	カシラダカ初認
3		トビの虫捕り始まる		
4				ジョロウグモの産卵
5		カケスの飛来		
6		リンドウが咲く		モズの求愛行動始まる
7		アカガシのドングリ落ちる		立冬
8		ミゾソバ開花		
9				カモ類飛来
10		オオヨシキリ飛去		
11		ワレモコウ咲く		カラスウリの実が色づく
12				ツグミ初認
13		ツリフネソウ咲く		
14				スジグロシロチョウ終息
15				カエデの葉が色づく
16				
17			マツの手入れ	
18	ヨシの刈り取り			
19				
20				イチョウの黄葉見頃
21				
22				
23				
24				
25				
26		ウグイスの笹鳴き		
27				
28				
29	竹の間伐適期			
30				
31				

生き物と手入れカレンダー 冬

動植物がさまざまな工夫で生き延びる長い冬。生き物たちが最もエネルギーを使う季節の始まりです。

落ち葉かきと腐葉土づくり
自然・野生との共存は互いを思い、感じること。限られた範囲の落ち葉を有効利用しましょう。

肥料散布・寒肥
肥料散布は疲れた樹木の栄養補給。寒肥は根っこが目覚める前に与えましょう。

生け垣の根切り
元気に伸びすぎる生け垣をガッチリタイプに変える時。花も実も付かないユズやカキに根切りは効果的な方法の一つです。

フキノトウ（1月）

●草地　●雑木林　●水辺　●植え込み
●その他　●暦

	12　月
1	
2	
3	ウメの剪定《せんてい》
4	
5	
6	
7	イチョウの落葉
8	
9	
10	
11	
12	
13	
14	
15	
16	
17	落ち葉かき
18	腐葉土づくり
19	
20	
21	
22	ツバキの開花　冬至
23	
24	
25	
26	
27	
28	
29	
30	
31	

必要な手入れの内容と
手入れを始める時期

平成18年神保フィールドノートより（神奈川県・横浜）
※暦をはじめ、すべての日付は、平成18（2006）年のものです。
年によって、数日前後しますので、目安としてご利用ください。

	1　月	2　月
1		
2		
3		
4		立春 春植物生育と防災のための 草地・林床の枯れ草刈
5	フキノトウが出る	
6		
7	七草	
8		ツクシ初認
9		生け垣の根切り
10	ロウバイ開花 肥料散布 寒肥	ウグイスカグラ開花
11		
12		マンサク開花
13		
14		
15	アオキの実が色づく	巣箱設置適期
16		
17		
18		フジの剪定
19		
20	ヤマアカガエル産卵	
21		
22		竹の剪定適期 コジュケイが盛んに鳴く
23		
24		
25	ウメ開花	
26		
27	ハンノキ開花 スギ・ヒノキの 間伐・枝打ちの適期	
28		畦づくり （ヒキガエル産卵前） ウグイスの囀《さえず》り
29		
30		
31	オオイヌノフグリ開花	

植物の自生地と草刈時期

刈り高と時期。この歯車が噛《か》み合った時、植物たちの暮らしがあらゆる自然と環境の中で安定します。

スミレの花（4 月）

オミナエシの花（8 月）

種	主な自生地	刈り高（cm）
ヒガンバナ	畦・土手・林縁など	3〜5
ツルボ	土手・林縁・草地	5〜15
カントウタンポポ	土手・草地・畦など	5〜10
ワレモコウ	草地・土手	3〜5
ツリガネニンジン	林縁・草地	5〜20
ゼンマイ	林縁・林	3〜5
ワラビ	林縁・草地	3〜5
フキ	土手・林縁	3〜5
タチツボスミレ	土手・林・林縁	3〜5
スミレ	土手・林・林縁	3〜5
ヤマユリ	土手・林・林縁	5〜10
ホウチャクソウ	林縁・林	5〜10
アマドコロ	林縁・林	5〜10
ホタルブクロ	土手・林・林縁	3〜5
エビネ	林	10〜15
キンラン	林縁・林	3〜5
ギンラン	林縁・林	3〜5
クサレダマ	草地・湿地	3〜5
オカトラノオ	林縁・土手	3〜5
セリ	湿地	10〜20
ミソハギ	草地・湿地	3〜5
アカツメクサ	草地・土手	3〜5
チダケサシ	草地・林縁・湿地	3〜5
ガマ	湿地	3〜5
ノハラアザミ	林縁・草地	3〜5
ヨメナ	林縁・草地	3〜5
オミナエシ	林縁・草地	3〜5

（神奈川県、標高約60メートルの環境で観察）

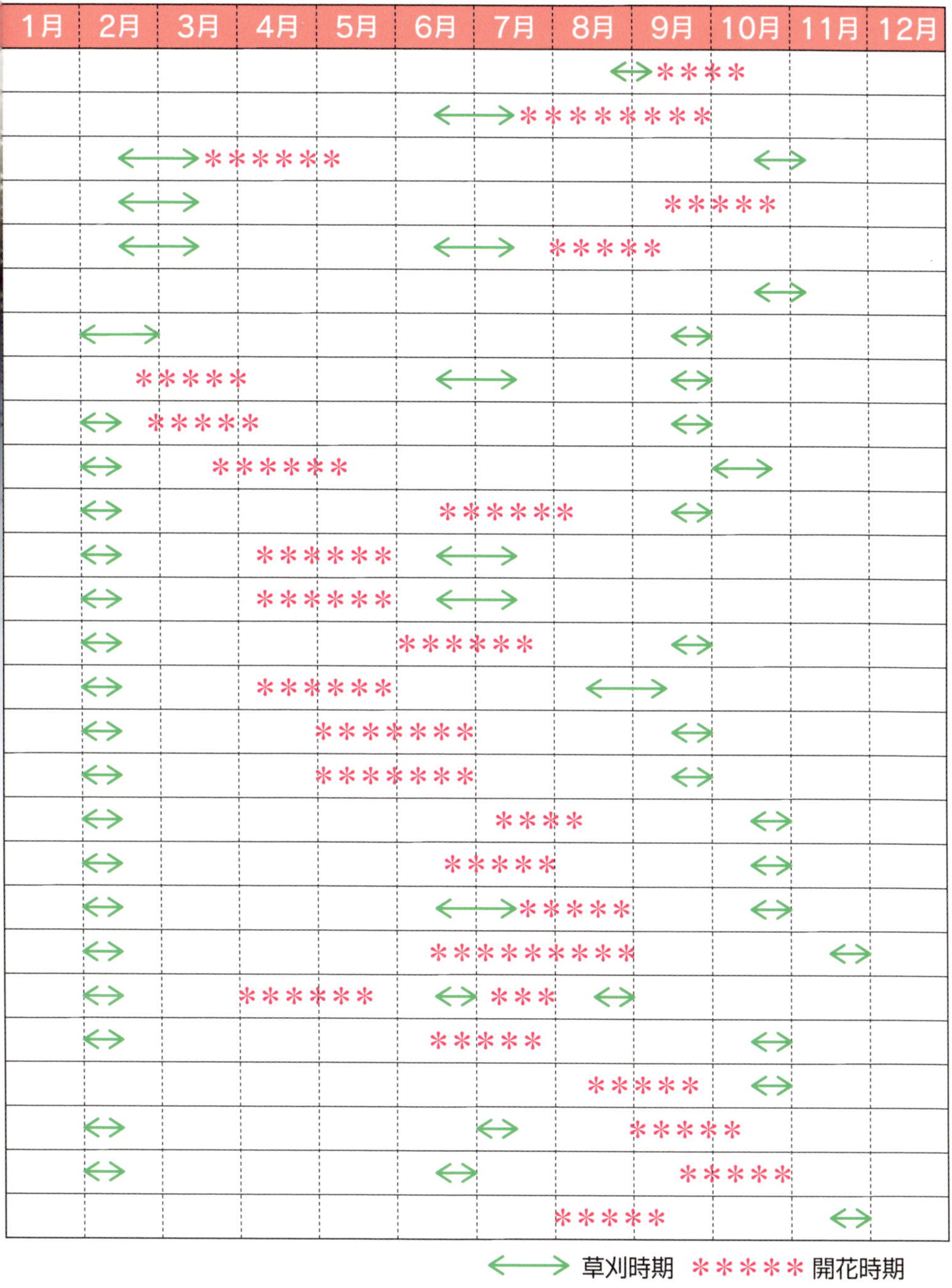
1月
2月
3月
4月
5月
6月
7月
8月
9月
10月
11月
12月
草刈時期
＊＊＊＊＊ 開花時期

野鳥の生息地と草刈時期

草地・水辺・林。草刈は人と野生動物が限られた場所で共存していくための大切な行為です。お互いの生活と暮らしを理解することなく共存は成立しません。

岸辺の小枝に止まるカワセミ（10 月）

草地の昆虫を見つけて舞い降りてきたトビ（10 月）

種	主な生息地	刈り高(cm)
ニホンキジ	林縁·草地·林	20～30
コジュケイ	竹林·林·草地	15～20
オオヨシキリ	ヨシ原	0～5
カイツブリ	湿地·河川·池	20～30
カルガモ	沼·水田·ヨシ原	10～20
コガモ	沼·小川·池	20～30
ヨシガモ	沼·川	20～30
トビ	海岸·河川·平野部	10～20
チョウゲンボウ	原野·林縁	5～10
ツミ	林·草地	20～30
ノスリ	原野·林縁·林	10～20
サシバ	林·林縁·草地	20～30
クイナ	沼·池·湿地	10～20
バン	湿地·ヨシ原·沼	10～20
ヤマシギ	林·湿地	5～10
カワセミ	池·沼·河川	20～30
モズ	林·林縁	5～10
ホオジロ	茂み·林·林縁·草地	5～10
アオジ	林·林縁	5～10
カシラダカ	林·林縁·草地	10～20
カワラヒワ	草地·河原	10～20

（神奈川県、標高約60メートル付近での状況）

1月	2月	3月	4月	5月	6月	7月	8月	9月	10月	11月	12月
	↔					↔	↔	↔			
	↔					↔	↔	↔			
									↔		
									↔		
	↔								↔		
						↔	↔	↔	岸付近と水面に張り出した草は刈らない		
						↔	↔				
						↔	↔				
	↔					↔	↔	↔			
	↔										
	↔					↔	↔	↔			
	↔					↔	↔				
	↔								↔		
									↔		
									↔		
							↔	↔	岸の低木は残す		
↔	↔					↔	↔	↔			
	↔						↔	↔			
	↔						↔	↔			
	↔						↔	↔			
	↔						↔	↔			

↔ 草刈時期

昆虫の生息地と草刈時期

卵・幼虫・蛹《さなぎ》の期間、草地のチョウは地上暮らし。常に草刈りの影響を受けています。成虫期の草刈は、こうした昆虫との共存への第一歩になるでしょう。

アザミの花の蜜《みつ》を吸うスジグロシロチョウ（6月）

ショウリョウバッタ（8月）

種	食草と生息地	刈り高(cm)
ジャコウアゲハ	ウマノスズクサ類 林縁・川原	20～30
キアゲハ	セリ科植物 草原・湿地	10～15
ツマキチョウ	タネツケバナなど 林縁・畦	5～10
スジグロシロチョウ	イヌガラシなど 林縁・草地	5～10
モンキチョウ	アカツメクサなど 草地	5～10
アカタテハ	カラムシ、コアカソなど 林・林縁	5～10
ルリタテハ	サルトリイバラなど 林・林縁	20～30
キタテハ	カナムグラなど 林縁	5～10
クロコノマチョウ	ススキなど 草地	20～30
ゴイシシジミ	ササ藪	20～30
ヤマトシジミ	カタバミ 草地	5～10
ツバメシジミ	コマツナギなど 草地	5～10
ルリシジミ	イタドリなど 草地	5～10
キリギリス	草地	15～20
ヤブキリ	草地・樹木	15～20
エンマコオロギ	草地	5～10
ササキリ	林床	15～20
オンブバッタ	草地	10～15
コバネイナゴ	草地	10～15
ショウリョウバッタ	草地	10～15
トノサマバッタ	草地	5～10
ヒシバッタ	草地	3～5

（神奈川県、標高約60メートル付近での状況）

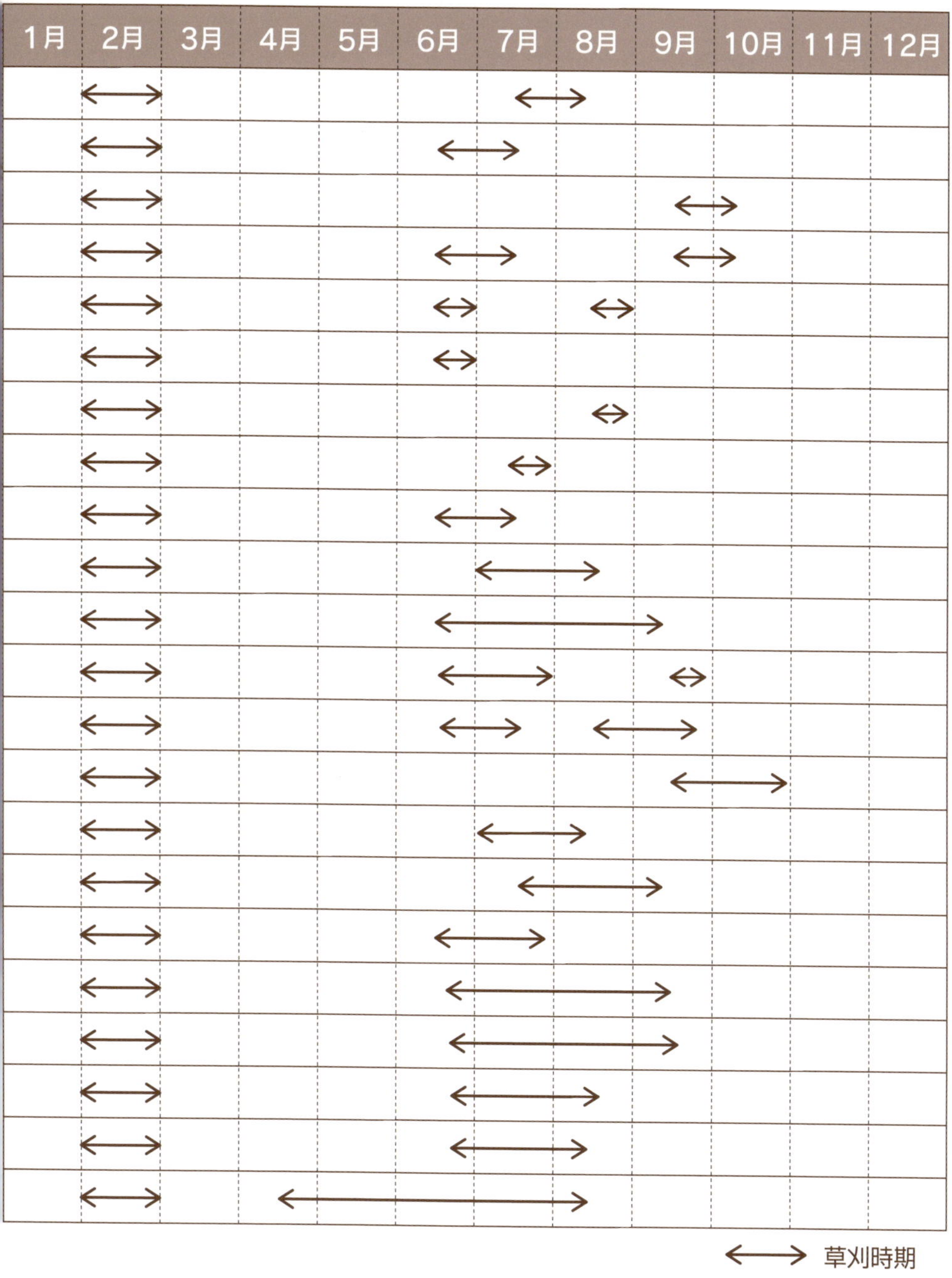
1月
2月
3月
4月
5月
6月
7月
8月
9月
10月
11月
12月
草刈時期

樹木の手入れカレンダー

樹木の生育リズムは種類によってさまざまです。剪定《せんてい》は樹木の将来を左右する大切な作業です。

もみ上げ
一枝に 20 ～ 30 枚の元気な葉を残し、古い葉をむしり取ります。同時に、気付いた松カサも取りましょう。

緑《みどり》 摘《つ》み
先端の約 1/3 を指先で摘み取ります。マツ類で大切な手入れの一つです。

剪定
枝数を減らすことを心がけて行いましょう。

刈り込み
枝数を増加させることを心がけながら行いましょう。

ヒコバエ（やご）取り
バラは、やごを残して育てます。ウメやサクラなどは、真っ先に切り取りましょう。

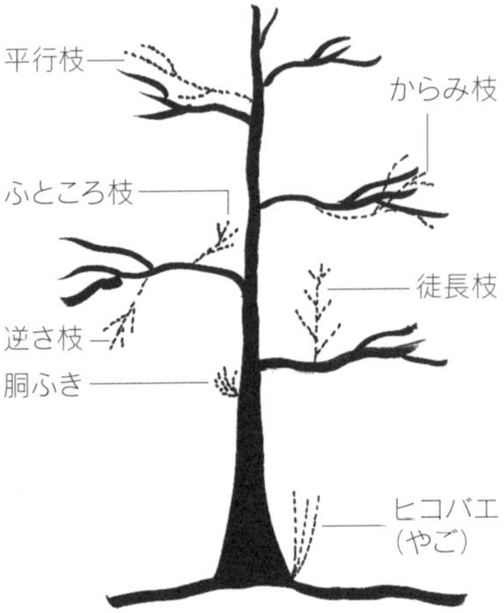
平行枝
からみ枝
ふところ枝
徒長枝
逆さ枝
胴ふき
ヒコバエ
（やご）

種	1月	2月	3月
マツ(クロマツ)			
イヌマキ			
ツバキ			
サザンカ			
クスノキ			←→ 剪定
ゲッケイジュ			
タブノキ			
カシ類			
シイ			
モチノキ			
トベラ			
キンモクセイ			←―
サクラ類			
ウメ	→ 剪定		
カエデ類			
ネムノキ			←→ 剪定
プラタナス	→ 剪定		
クルミ			
ザクロ		←― 剪定	―→
ヤマモモ			
ユズ		←→ 剪定	
ケヤキ			
ハナミズキ			
イチョウ			
リンゴ	←― 剪定	―→	
モモ	←― 剪定	―→	
ビワ			
イチジク	←― 剪定	―→	

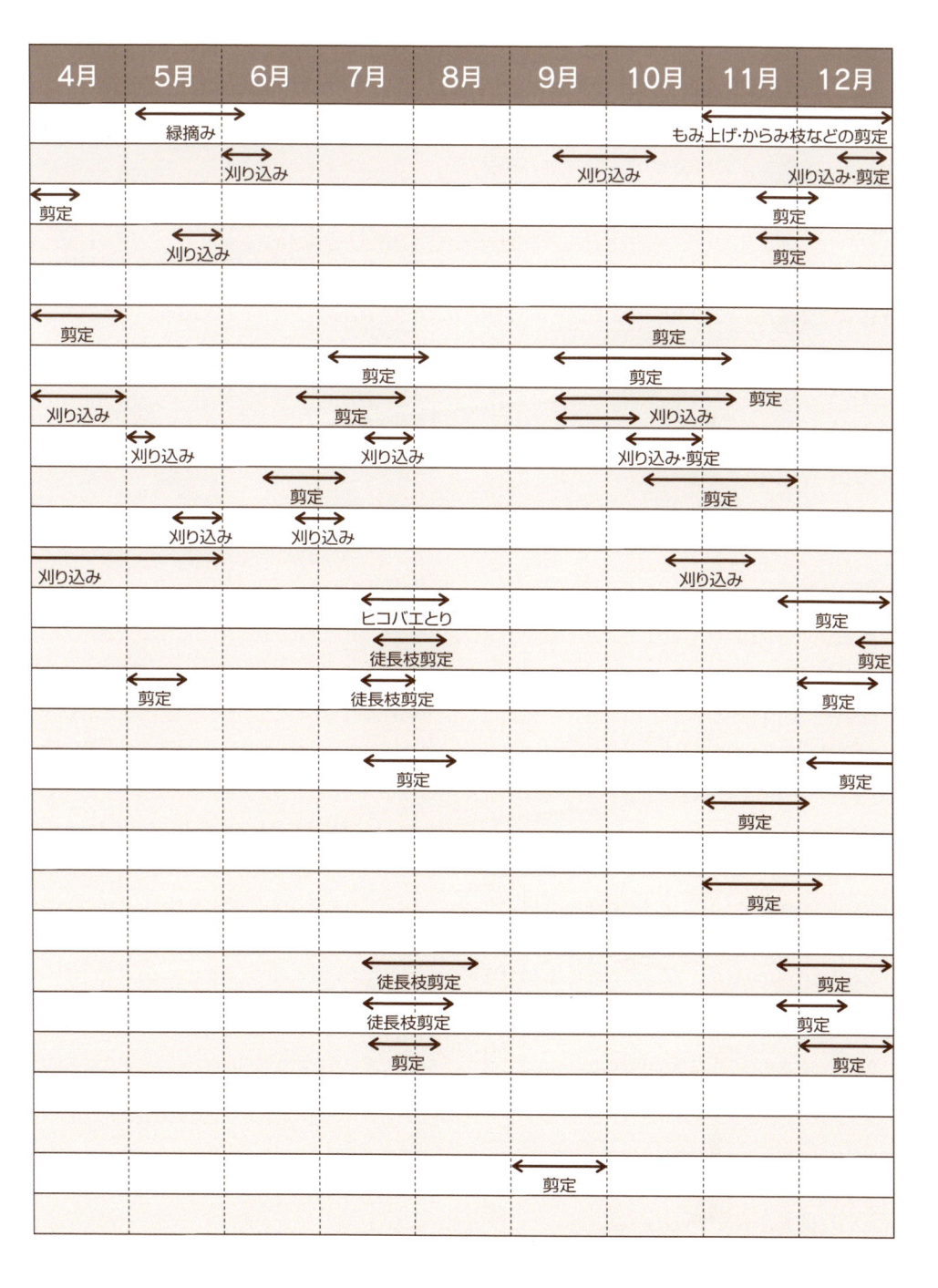

4月	5月	6月	7月	8月	9月	10月	11月	12月
	緑摘み						もみ上げ・からみ枝などの剪定	
		刈り込み			刈り込み			刈り込み・剪定
剪定							剪定	
	刈り込み						剪定	
剪定						剪定		
			剪定		剪定			
刈り込み		剪定			剪定 刈り込み			
	刈り込み		刈り込み			刈り込み・剪定		
		剪定				剪定		
	刈り込み	刈り込み						
刈り込み						刈り込み		
			ヒコバエとり				剪定	
			徒長枝剪定					剪定
	剪定		徒長枝剪定					剪定
			剪定					剪定
							剪定	
							剪定	
			徒長枝剪定				剪定	
			徒長枝剪定				剪定	
			剪定					剪定
					剪定			

危険と対策① ハチ（1）

身近なハチの種類と巣をつくる環境

日本にはさまざまな種類のハチが生活しています。すべてのハチが人を刺すわけではありません。攻撃性が高いスズメバチから比較的おとなしいミツバチまで、ハチの習性はさまざまです。身近にいるハチの種類や習性を知ることによって適切な対応が取れ、事故を未然に防ぐことができます。

ここでは、都市の公園や緑地などで出会うことが多いと思われるキイロスズメバチ、コガタスズメバチ、アシナガバチ類について紹介することにします。

●キイロスズメバチ

スズメバチの中では中型。攻撃性が強く、ハイカーやキャンプの子どもたち、造園業者なども、被害を受けることがあります。時期にもよりますが、一つの巣の中には、300 ～ 500 匹の働きバチがいます。巣はまだら模様。大きさはソフトボールぐらいからバスケットボールを超えるものまでさまざまです。

著者が出会った中で最も大きなキイロスズメバチの巣は、横浜の磯子区内の公園樹につくられた 1m を超えるものでした。

【巣をつくる環境】 ツツジ類などの植え込みの中、雑木林の木の枝、電柱、屋根裏、軒先、風雨を防げる所であればキイロスズメバチはあらゆる場所に巣をつくってしまいます。以前、公園を訪れた母親と 10 才の女の子が突然キイロスズメバチに刺されるという被害がありました。この時、ハチの巣は下水のコンクリートのふたの裏にありました。二人とも数か所刺されましたが、幸い命には別状はありませんでした。

▲下水のコンクリートのふたの裏についていたキイロスズメバチの巣

●コガタスズメバチ

キイロスズメバチに比べると、攻撃性は低いようです。つくり始めの巣はトックリをひっくり返したような形をしています。その後、樹皮や枯れ木などを噛《か》み砕いて、薄くのばしながら巣をつくり上げていくのはキイロスズメバチと同様です。

【巣をつくる環境】 木の枝、ベランダの下、軒下などキイロスズメバチと似た所に見られます。コガタスズメバチの方が、やや明るい場所に巣をつくるようです。

●アシナガバチ類

キアシナガバチ、セグロアシナガバチなど数種類が見られます。いずれも体が細く脚が長いのがこのなかまの特徴。キイロスズメバチやコガタスズメバチに比較すると攻撃性は低いですが、巣かハチ自身に直接的な刺激を与えると、一斉に巣を飛び出し攻撃してきます。

アシナガバチなど小型のハチに刺された人の中には、巣をいたずらしたためにやられたケースが少なくありません。小枝で巣をいたずら……。その瞬間、目の下、手の甲を思いっきりハンマーで叩《たた》かれたような激痛が走る。アシナガバチは差し出した棒や枝などの上を次から次へと複数の個体が瞬間移動して相手を刺し、飛び去っていきます。

【巣をつくる環境】　垣根や生け垣、植え込み、樹木の枝、軒下などに巣をつくります。

ハチはなぜそこにいるの？

春から秋、私は雨天の日以外、公園での管理作業中に毎日のようにハチと遭遇しています。

アシナガバチはヤブカラシやウツギ類などの花の近くに集まり、ときにはスズメバチがなかまに入ることがあります。

コナラ、クヌギ、ヤナギなどの樹液が出ている場所では、ゴマダラチョウやルリタテハ、カナブン、クワガタに混じってスズメバチ類が見られます。スズメバチは熟して落ちたカキ、ナシ、モモ、ブドウなどにも集まってきます。

また、生ゴミが入っているゴミ箱や少量のジュースが残っている空き缶、自動販売機の近くにもスズメバチなどが集まってくることがあります。飲みかけのジュースの缶を口に近づけた瞬間、キイロスズメバチが中から飛び出してきた時の驚きは今でも忘れられません。

ハチは匂《にお》いに敏感です。子どもが手にした甘いお菓子や飲み物の匂いを嗅《か》ぎつけ、どこからともなくスズメバチが現れる……そんな経験はありませんか？　ベンチやレジャーシートの上にジュースなどをこぼすと匂いが広範囲に広がり、付近のハチを呼んでしまうので注意が必要です。

このように、ハチが飛来するには必ず原因があります。

スズメバチのモビング行動

私のこれまでの経験から、巣に気付かず近づいてしまった場合でも、スズメバチはいきなり刺したりはしません。スズメバチは人が近づいた場合、モビング行動（疑似攻撃）によって相手を威嚇します。目の前（30～50 cm）に接近し、ブーン、ブーンと波状の羽音を発しながらホバリング飛行をします。よく見ると、尻《しり》付近から毒液を空中にピュッー、ピュッーと噴射していることがわかります。それは「この場所から早く立ち去れ」というハチの警告行動です。

その時、この行動の意味を理解せず、タオルや帽子、木の枝や手でハチを追い払うようなことをすれば、スズメバチたちは本格的な攻撃をまともに受けたと判断するのです。スズメバチが樹液などがない場所でモビング行動をとったら近くに巣がある合図です。前進を中止し、姿勢を低くし、アリが歩行する程度のゆっくりしたペースで引き下がることでスズメバチのモビング行動はおさまります。

▶カナブンと一緒に樹液に来ていたスズメバチ

危険と対策② ハチ（2）

野生動物に咬《か》まれるなどして、被害者の方が亡くなるケースで、国内で最も多いのがハチ刺されによるものです。毎年死亡者は30～45名、あるいはそれ以上。多くの場合、刺されてから約1時間以内で症状が悪化し、最悪の結果につながっているようです。

都市公園などでは、管理作業中に突然刺されることが多く、ほとんどの場合ハチの巣に気付かず、何気なくツツジやトベラなどの刈り込みを行っている時に発生しています。

予防と対策

●帽子の着用

スズメバチ類の場合、黒色に対して敏感に反応するといわれています。先に紹介した、運悪く、公園内でキイロスズメバチに刺された母子も、頭を刺されていました。スズメバチは、天敵である熊などから巣を守るため、熊の弱点である黒い鼻を狙う行動が、黒を攻撃色として発達させたのかもしれません。

このため、緑地の手入れや管理作業中の帽子の着用は、熱中症の予防以外にもその意義があるといえるでしょう。

●服装

日やけ対策などの以前の問題として、樹林地など野外活動を行う時は長袖《ながそで》・長ズボンの着用は必ず守りたいものです。

ここで注目したいのが、着用する服のサイズです。体にぴったりとしたものより、ワンサイズ大きなものを着用することをお勧めします。ピッタリサイズは、肩・腰・膝《ひざ》などの動きが窮屈で負担をかけ、疲労の原因ともなります。少し大きめのサイズであれば、体への負担も少ない上、万が一、ハチなどから攻撃を受けた際、服と皮膚の間に空間があるため、重大な被害を避けられる利点があります。なお、黒色の服は避けてください。

●作業の前に確認を

刈り込みや剪定《せんてい》など、樹木の手入れなどを行うときは、必ずハチの巣の有無を確認することです。剪定する木に登る前に、必ず下から目視観察をし、十分確認した後作業に入る癖をつけるとよいでしょう。

ツツジ類、生け垣などの刈り込み作業も同様です。しかし、刈り込みをするような樹木や生け垣は、覗《のぞ》き込むような状態ではないため、直接的な観察は困難です。そこで、作業前に熊手や竹ボウキを使って、作業する範囲の場所の上部を何度か叩《たた》いてみることです。仮にハチの巣があれば、数匹のハチが茂みから出て来るはずです。これにより飛び出してきたハチは決して刺すことはなく、様子を観察したのち、再び巣に戻ります。

このようにして、見つけ出したハチの巣を処分するか、あるいは立ち入り禁止にしてシーズンを終えるかは管理者の判断です。

攻撃を受けたら地面に伏せる

「ハチの攻撃を受けたら一目散に逃げろ」と紹介している本は少なくありません。しかし、私は走って逃げている最中に刺されたなかまを何人も目撃しています。ハチは高度を一定に保ちながら、走って逃げる人間にミサイルのように向かっていきます。キイロスズメバチなどの飛行スピードはじつに速く、我々の逃げる速度など問題になりません。ましてや、山道や植え込みの中など障害物があちこちにあるような所で、走る速さはたかが知れています。

スズメバチなどの攻撃を受けたら、まず地面に転がり伏せてしまうことです。場所にもよりますが、この方法のお陰で度重なるスズメバチからの攻撃でも刺されることなく公園管理を続けられています。

刺された時の処置

クロスズメバチ（ジバチともいう）1回、アシナガバチ3回。約30年間の公園管理作業中に、私を刺したハチとその回数です。いずれも小型種でしたが、痛さは特大でした。どれも応急処置が早かったため、痛みは数時間でおさまり、腫《は》れ上がることもありませんでした。

小さなハチとあなどり、刺された後の処置を怠れば皮膚はパンパンに腫れ上がります。目の近くなら、腫れた皮膚で視界もおぼつかなくなるでしょう。おとなしいミツバチでも、刺されればかなり腫れ上がります。どのようなハチに刺されても、一刻も早く傷口から毒液を搾り出してしまうことです。

この時忘れないでほしいのが「ハチ毒は水に溶けやすい」ということです。水で洗い流しながら毒液を搾り出すことをお勧めします。

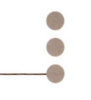

親指と人差し指で傷口の両側を「ギュッ」とつまみながら水で洗い流します。水道などがなければ水筒の水でもかまいません。少し痛いですが、あとのことを考えれば我慢できるはずです。携帯用のポイズン・リムーバーを使って吸い出すのはとても良い方法でしょう。数回連続して行えばかなりの効果があります。

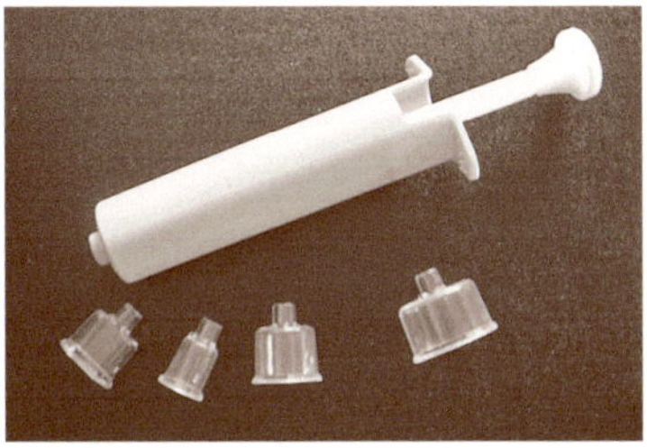

▲携帯用のポイズン・リムーバーですぐに手当をすると、かなり効果があります。

●アナフィラキシー・ショック

ハチに刺されて怖いことはアナフィラキシー・ショック（特異過敏病）を起こすことです。重症の場合、顔面蒼白《そうはく》、全身に震え、嘔吐《おうと》などのショック症状と急激な血圧の低下がみられ、刺されてから1時間以内に意識を失うケースが少なくありません。ハチに刺されて死亡するケースの多くはこのアナフィラキシー・ショックによるものです。ハチ毒によるアナフィラキシー・ショックは10人に1人の割合で起こっているそうです。

毒液を洗い流したり、吸い出した後は抗ヒスタミンを含んだ軟膏《なんこう》をたっぷり塗ることも必要です。しかし、アナフィラキシー・ショックの兆候が見られたら一刻も早く病院に行くことはいうまでもありません。

危険と対策③ チャドクガ

新緑の頃、植物の目覚めとともに昆虫類の活動も活発になる時期です。小さな昆虫たちはハチに限らず、厳しい野生の世界で生き残るために、さまざまな防衛方法を身につけました。チャドクガをはじめ、ドクガ類もその一例でしょう。いずれも体は小さいですが、私たちに強烈な被害を与えます。

しかし「ハチ」のところでも紹介したように、相手を知れば被害を受けずに済むケースは少なくありません。

ここでは身近な場所（自宅の庭・学校・屋上庭園・遊歩道・公園）で被害が多いチャドクガについて紹介します。

チャドクガの生態と被害

チャドクガは、卵・幼虫・蛹《さなぎ》・成虫のすべての段階で人体への被害を与えるドクガ科のガです。卵で越冬し、年２回幼虫が発生します。幼虫の発生時期はその年の気候にもよりますが、１回目は４月中旬～７月中旬、２回目が８月上旬～10月中旬。幼虫はツバキやサザンカ、チャ、クワなどの葉を食べて成長します。

卵は毒毛で守られ、幼虫の全身も毒毛でガードされ、蛹が入る繭も幼虫時代の毒毛が使われています。毒毛は成虫にも転移し、灯火や室内に飛来した時などに人体に刺されば炎症を引き起こします。

毒毛が触れた患部にはじんま疹《しん》のような発疹が現れ、強烈な痛かゆさは、放置すれば２週間以上続きます。

予防と対策

チャドクガそのものに近づかないことが最も有効な予防対策ですが、野外での活動や作業にあたってはそう言っていられません。被害を受けずに済む現実的な予防対策は相手の存在する位置を知ることが一番でしょう。⇨ p.92

●卵塊を発見する

チャドクガは直径１～1.5 cm ほどの卵塊をツバキやサザンカなどの葉に産みつけます。卵塊の色はオレンジがかったやや白っぽいものです。多くが葉の裏側で発見されますが、ときには表側に産みつけられていることもあります。

チャドクガの越冬は卵ですので、この時期に発見して取り除いてしまえば被害を防ぐことができます。卵塊にも毒毛がなすりつけられていますので、直接触れることは禁物です。

▲サザンカの葉裏に産みつけられたチャドクガの卵塊（横から見たところ）

●幼虫を発見する

幼虫を発見し、葉や枝ごと切り取ってしまうことも有効な手段の一つです。特に若い幼虫は、集団で行動する性質がありますから、その時期に発見して処置をすれば、効果が高くなります。幼虫は脱皮を繰り返すごとに活動範囲を広げ、集団行動から単独行動に移り始めます。こうなると取り除くにも時間がかかり、被害を受けるリスクも大きくなります。

作業の上で注意しなければならないのが、幼虫は振動を与えると糸を吐いて落下することです。その光景はまるでクモが自己の糸を命綱にして地上に下がるようです。かなりの速さで下がりますから、幼虫の採集時にはハサミなどの採集道具をあらかじめよく磨いておき、必要以上の振動を与えないように気を付けましょう。

●脱皮皮に注意する

チャドクガの幼虫は脱皮を繰り返し、蛹となり成虫となるステージを持っています。この幼虫が脱皮して脱ぎ捨てた皮があなどれません。これが原因となり被害を受けるケースは少なくないからです。

チャドクガの幼虫が存在していた場所には必ず脱ぎ捨てた脱皮皮が小枝等に付着しているはずです。幼虫を採集するとともに脱皮皮も採集することを忘れないようにしましょう。

この皮にもまたかなりの毒毛があり、風に舞う恐れがありますので、採集は風上から行うようにしましょう。

被害にあった時の対処法

毒毛に触れた場合、最初はややむずがゆく、次第に痛かゆさが起こります。ツバキ・サザンカ・チャ・クワなどの木の手入れ、剪定《せんてい》をしていて皮膚にこのような感覚を覚えたなら、チャドクガなどのドクガにやられたと思った方がよいでしょう。弱いむずがゆさ・痛かゆさは5～10分ほど続き、さらに痛かゆさが増していきます。

●掻《か》かずに適切な初期対応を

この時にむやみに体を掻きむしれば、毒毛を全身にまき散らすこととなります。こうなれば、痛かゆく赤くただれ上がった発疹はさらに拡大し、想像を絶する状況になります。適切な処置をせずシャワーや風呂に入っても、同様に被害の範囲を広げてしまうことになります。

そのようにならないためには、下記に紹介する順に初期の対応を行ってください。

①患部の皮膚にガムテープをぺたぺたと押し当てて毒毛を取り除く

（ガムテープはこまめに取り換える）

②一通りテープで毒毛を取り除いたらシャワーなどで患部を洗い流す。

（絶対に掻いたりこすったりしないこと）

③抗ヒスタミン剤を含む軟膏《なんこう》を塗る

この処置を行えば、ほとんどの場合かゆみは治まりますが、改善が見られない場合は、皮膚科の病院で手当を受けて下さい。

◀チャドクガの成虫
灯りに誘われて飛来します。夜、家の中に入り込んでいることもあります。

危険と対策④　イラガ・毒ヘビ

イラガ

イラガの成虫は3cmほどの大きさの茶色い夜行性の「ガ」です。クロイラガ・ナシイラガ・アオイラガ・ヒロヘリアオイラガなど、その種類は少なくありません。イラガの蛹《さなぎ》はまるで小鳥の卵のような形をした堅い繭の中に入っています。繭に直接触れたりしても被害を受けることはありませんが、幼虫は別です。イラガは日本国内の毛虫の中で最強の毛虫といわれるだけのことはあって、この幼虫に少し触れただけで、体中に電撃的な痛みが走ります。痛みは数時間程度で治まりますが、一度に何匹もの幼虫に刺されたら、痛みでめまいを起こすほどでしょう。

▶**イラガの繭**　冬に葉が落ちたあとの枝でよく見かけます。毒はありません。

●幼虫の発見は最大の防御

幼虫の発生時期は7〜10月頃の間に2回です。カキやナシ、キブシ、ウメ、サクラ、シラカシ、クヌギ、ヤナギ、ケヤキ、カエデなど、幼虫はさまざまな木の葉を食べます。

この時期に葉の一部が食されていたり、葉脈だけが残っている葉を見つけたら要注意。付近の葉の上や地面に粉状かアワ粒から米粒ぐらいの黒っぽいフンを見つけることができるかもしれません。

●被害にあった時の対処法

刺された患部は赤く腫《は》れ、普通は1〜2日で治まります。ドクガ類の被害のような強烈なかゆみは発生しませんが、皮膚の中にトゲが刺さったような痛みが、強弱をつけながら1日ほど続きます。

応急処置には抗ヒスタミン剤を含むステロイド軟膏《なんこう》が効果的です。また、患部を氷などで冷やすと痛みが和らぎます。翌日以降も腫れや痛みが続くようでしたら皮膚科の受診をお勧めいたします。

毒ヘビ

ハブ、マムシ、ヤマカガシ。いずれの種も有毒のヘビです。自然との付き合いは相手の存在を感じたり、知ることに尽きます。ここでは、一般的に出会う機会の多いマムシとヤマカガシについて紹介します。

●マムシ

夜行性ですが昼間でも行動しています。特に7〜8月頃の畑や畦《あぜ》の脇の草むら、河原の草地、ゲンジボタルがすんでいるような川沿いの岩や石の間、クワガタやカブトムシが入っているような大きな木の樹洞の中、このような場所で多く出会います。

予防と対策

保護色*をしているため、注意深い観察が必要です。この場合の観察とは、草むらなどへ侵入する際、常にマムシをイメージしながら行動することです。これは決して大げさなものではありません。マムシの存在をイメージさえしていれば、むやみにマムシが潜むような樹洞や岩や石の間に手を入れたりしませんし、草むらに立ち入る時には長靴を履くなど、その対策を自ずととるはずです。野生動物や自然と向き合い、付き合うということはそのようなものです。

仮にマムシを発見したら、絶対に近づかないこと。見つけた距離が接近していたら、まずフリージング（自身の動作を止めて、凍りついたように動かない）して様子を見ましょう。多くはヘビの方から逃げ出しますが、ヘビに変化がない場合は、慌てずゆっくりと距離をとり離れます。木の枝でからかったり、捕まえようとすれば、ヘビの瞬時の行動で咬《か》まれ、重大な事故に繋がりかねません。

●ヤマカガシ

かつては無毒とされてきましたが、奥に長い牙をもつ後牙類の毒ヘビです。ドジョウやオタマジャクシなどが好物なので、水田や川沿い、池や沼の草地などで出会います。

ヤマカガシはおとなしいヘビと紹介されている場合を見かけますが、しかしその実態は、人が接近してもその場を離れず、とぐろを巻き、尾の先端を小刻みに振り動かし「カラカラ」と乾いた音を出します。ときには草むらの中でコブラのように首を持ち上げて攻撃姿勢を取ることがあります。全長1メートルを超えるヤマカガシが、地面を風のように滑りながらこちらに向いて来た時は、迎え撃つような余裕もありません。私の個人的な見解ですが、ヤマカガシはマムシ以上に攻撃的なヘビだと思います。いずれにしても水辺の草むらなどでは、ヤマカガシの存在をイメージすることを怠らないようにすることです。

なおマムシ・ヤマカガシとは別に、無毒のヘビであっても甘く見ないことです。アオダイショウは竹林や石垣の間、木材や丸太が積んである所、枯草が積んである場所も大好きです。シマヘビはキジバトの卵が大好物。キジバトはマツやシイ・カシの比較的若い木に巣をつくります。シマヘビを樹上で目撃するのはこのためです。

●ヘビの被害にあった時の対処法

どのようなヘビであっても、咬まれると出血がなかなか止まりません。咬まれた瞬間「ジャリ」と紙やすりにでも触れたような感覚です。その数秒後湧水が湧き出すように傷口から血があふれ出てきます。出血は何度も繰り返し圧迫することにより止まりますが、ヘビに咬まれた際の止血はじつに厄介です。

咬んだヘビがマムシ等の毒ヘビだとしたら、止血よりも先に毒液を体外へ出すことを優先し、体中に毒が広がるのを防ぐ必要があります。傷口を前歯で咬みながら「ギュ、ギュ」と吸い出します。この時121ページで紹介したポイズン・リムーバーなどが有効です。一方、毒液を出そうと、ナイフなどで傷口を広げるという行為は絶対に行ってはなりません。神経や筋組織を傷つけてしまう恐れがあるからです。

吸い出し後、体内に毒が回らないようにするため、咬まれた場所と心臓の間をハンカチやタオル、幅広の紐《ひも》などで縛ります。この時、あまり強く縛るのは禁物です。縛った布は10分に1回のペースで1分間緩めて血液を流します。それを繰り返しながら病院に行き、一刻も早い治療を受ける必要があります。

巣箱づくり

巣箱を利用する鳥たち

野山に生活しているすべての鳥が巣箱を利用するわけではありません。62ページで紹介したように木のうろや戸袋、石垣、排水管などのすき間などを利用して子育てをする鳥が、主に巣箱を利用し繁殖します。

雑木林の中は巣をつくる適当な大きさのうろは意外と少ないものです。そこで、間伐材を利用して巣箱をつくってみてはいかがでしょうか。

利用してもらおうとする鳥の大きさによって巣箱の出入り口の大きさ、全体の大きさに差があります。どの種を対象としているのかをあらかじめ決めてから作業に取り掛かることは言うまでもありません。

いつ頃、どこに取り付けるか

いろいろと工夫して仕上がった巣箱も、取り付ける時期や設置場所が不適切な環境だったりすると、せっかく苦労してつくっても利用してもらえません。

桜のつぼみが色づく頃、野鳥の多くが求愛や巣づくりの時期に入ります。中にはすでに抱卵や子育てをしている種類もいるでしょう。この時期に巣箱を取り付けたのではちょっと遅すぎると思います。

繁殖のための場所選びは2月の中旬頃にはすでに始まっているので、それまでには巣箱の取り付けは終了していたいものです。しかし、9月、10月の早い時期に取り付けるのも禁物です。他の動物たち（ネズミ・ゴキブリ・ハチ・ヘビ・ムカデなど）が越冬する場所になりかねないからです。

さて、その取り付ける場所ですが、親心から目立たない方が良いだろうと思うのは当然です。しかし、ジャングルのような茂みの中に取り付けても利用されることはまれでしょう。ヘビやネズミ類が侵入しやすい茂みの中は危険が多いことを野鳥が知っているからです。

巣箱の直下や横などに枝があるのも禁物です。ネコやカラスなどの足場となってしまうからです。また、複数の幹が重なり合っている株立ちの木よりも、単独で存在している幹の3m以上の位置に設置したいものです。

巣箱はできるだけオープンな所に取り付けた方が、良い結果が得られるでしょう。著者は自宅のベランダの柱に巣箱を取り付けています。

ここでは巣箱の設置高さは大人の背丈ほどです。頻繁に家人が出入りしたりする場所からも1m程度しか離れていません。こんな場所に取り付けた巣箱からもシーズン中（3〜7月）に3〜4回元気なヒナが巣立っていきます。

巣箱を設置する方向

これはヒナたちの生死に関わる重大なものです。小さな巣箱はヒナたちの成長と共にすし詰め状態となっています。シジュウカラでヒナの数は6〜9羽。

5月は多く鳥たちの育雛《いくすう》期です。この時期の日中の気温は時に30℃以上になることも珍しくありません。このような状況の中で仮に巣箱の方向が南や西に向いていたら、中のヒナたちは、たまったものではありません。せっかくの巣箱があだとならないよう、巣箱の入り口は北・東。できるだけ南や西日が直接当たらないようにすることも大切でしょう。

▶ベランダの巣箱から顔を覗《のぞ》かせたシジュウカラのヒナ。

鳥の種類別にみた巣箱のサイズ

鳥の種類	巣箱の標準高（cm）	底の部分（cm）	入口の標準高（cm）	入口の直径（cm）	設置の高さ（m）
オシドリ	50	20 × 30	30	10	10
アオバズク	50	20 × 30	30	10	10
シジュウカラ	20	12 × 12	12	3	3
ヤマガラ	18	11 × 11	12	3	4
ヒガラ	24	12 × 12	15	3	3
コガラ	24	12 × 12	15	3	3
ゴジュウカラ	30	15 × 15	20	3	3
キビタキ	18	9 × 9	14	3	4
キセキレイ	24	15 × 15	13	3	6
ムクドリ	45	20 × 20	36	7.6	5
コムクドリ	30	17 × 17	21	4	6
コゲラ	37	20 × 20	18	3.5	10
アオゲラ	33	16 × 31	24	9	10
フクロウ	45	30 × 30	33	15	7
スズメ	24	15 × 15	15	3	4

公園ボランティアに参加しよう

公園ボランティアへのお誘い

ボランティアへの参加。それは、人や環境に思いやりと優しさを提供することが、自身の生き甲斐になることです。自然が持つ不思議な力に癒《いや》され、あなた自身の心も体も豊かにしてくれることでしょう。見知らぬ人がなかまとなり、大切な友となっていく。最初はちょっと緊張するでしょうが勇気を出して参加してください。必ずあなたが探していた世界が見えてくるはずです。

近年、住民参加による地域の自然や環境を守るボランティア活動が脚光を浴び、次第に機能してきています。地域の自然は地元が守る、という「郷土愛」があちらこちらで産声を上げ始めている証《あかし》かもしれません。

箱根や尾瀬、南アルプスや北アルプスなどの大自然と同様、身近な小さな自然への関心が高まっているからでしょう。自然生態系の多様な機能を育んでいる緑は、今後ますます求められていくことでしょう。緑や自然は、生物の生息地としてだけでなく、大気の浄化、気温上昇の緩和、災害時の避難場所など、我々自身の暮らしを守るためにも必要です。それは、太陽のような存在ではないでしょうか。

これまで紹介してきたように、都市の緑地や公園は、いろいろな形で自然の復活という出番を待っています。年代を超えた者同士が互いを尊重し、さまざまな努力と協力で目標に向かって進む活動は格別です。あなたもぜひ、地域緑化のサポートに参加しませんか。

◀樹木の剪定も、公園の環境を維持するための大切な作業です。

▶2月の枯れ草刈風景

▲みんなで協力しての四つ目垣づくり風景

ボランティアへデビューする第一歩

自分の庭であればともかく、○○緑地や△△公園の剪定《せんてい》や草刈を勝手に行うことはできません。緑地や公園は、市町村などの行政が公共の物として、財産管理しているからです。

ただし、直接的な日常管理は、行政や公園によってさまざまな形で行われています。大まかに三つのタイプに分けられます。

①**直営管理**　行政の職員が配置されて行う管理。

②**利用者管理**　自治会や町内会などが中心になって運営する愛護会などによる管理。

③**委託管理**　NPO 法人や民間の造園会社などに行政が委託して行う管理。

いずれの管理も、ボランティアの窓口は行政が担当している場合がほとんどです。

地域の緑化、公園の管理に関心があり、自分の生き甲斐になるようなボランティア活動に参加したい……。そんな場合は、まずあなたが暮らす市町村の窓口に尋ねてみましょう。必ずあなたの相談に乗ってくれるはずです。

また、公園施設などの案内板を注意して見ると、必要な情報が得られることがあります。イベントの案内とともにボランティアの募集が告知されていることもあります。そして看板には必ず○○公園管理事務所などの問合せ先などが記されているはずです。

いずれにしても、まずは行政の担当者に相談してみることです

利用者と行政が緑を育てる協同

行政による支援体制

ほんの数年前までは、ボランティア活動中の事故など、責任の所在ばかりがクローズアップされ、行政側が市民参加に慎重な姿勢をみせていたように感じます。

しかし、今や公園緑地をはじめとする里山や山林などさまざまな緑は、地元や地域住民の協力なしでは語れません。各市町村がボランティアの支援体制を整えつつある背景には、地域住民の社会参加が定着していることがあります。

行政側がボランティアに対して行っている具体的な支援を見てみると、道具類や植物などの購入費、物品の提供、運営管理費の予算化などです。

地域の公園や緑は、行政と地域の共有財産という発想のもとで、両者の協同による活動もあちらこちらで始まっています。

一方、ボランティア活動が長期的なものとして定着し、継続していくためには、参加した楽しみなども大切でしょう。

たとえば、公園内の果実（ウメ・ギンナンなど）やタケノコの収穫なども、その一例として挙げることができます。ガーデニングなど花を趣味とする方にとっては、公園の花壇づくりに携わることなどが自己表現のできる場となることでしょう。

樹木の手入れ、機械の使用と技術の講習会、自然環境や生態系を学ぶための企画も、ボランティアの育成に大いに役立つはずです。

▲ボランティアの活動発表会の風景

ボランティアの組織体制

一方、行政側の支援体制の強化と共に、ボランティア自身にも責任ある行動が求められるでしょう。自主的な活動といっても、各自が好き勝手に緑地に手を入れれば、取り返しが付かないことになりかねません。

そこで、行政とボランティアが協同で行動計画を進める必要があります。つまり、管理するエリアのゾーニングと、その場所の管理目標などを決めていく「管理運営計画」を作成するというものです。

それらを具体的活動に結びつけるためにも、ボランティア自身の組織の体制を整えることも大切です。

ボランティア組織の体制の具体例

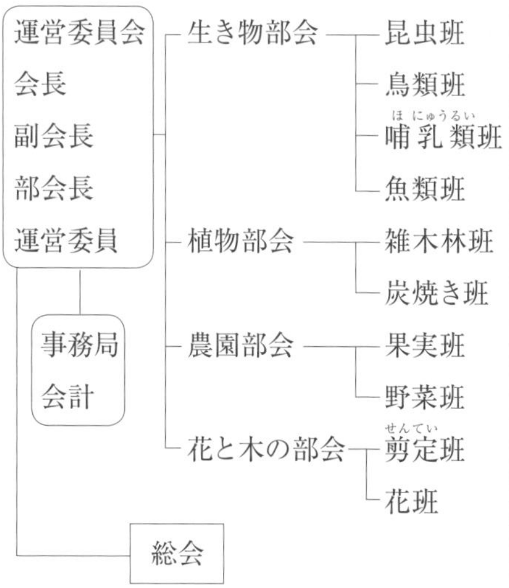

運営委員会
会長
副会長
部会長
運営委員
事務局
会計
総会
生き物部会
昆虫班
鳥類班
哺乳類《ほにゅうるい》班
魚類班
植物部会
雑木林班
炭焼き班
農園部会
果実班
野菜班
花と木の部会
剪定《せんてい》班
花班

公園管理の構造模式図

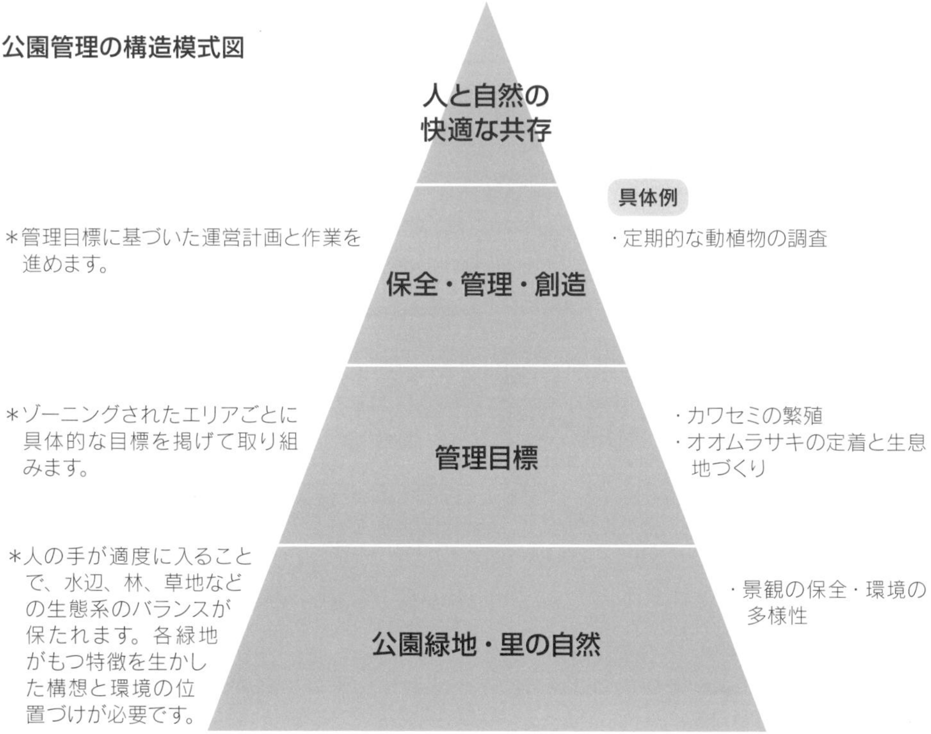

人と自然の
快適な共存
保全・管理・創造
管理目標
公園緑地・里の自然
＊管理目標に基づいた運営計画と作業を進めます。
＊ゾーニングされたエリアごとに具体的な目標を掲げて取り組みます。
＊人の手が適度に入ることで、水辺、林、草地などの生態系のバランスが保たれます。各緑地がもつ特徴を生かした構想と環境の位置づけが必要です。
具体例
・定期的な動植物の調査
・カワセミの繁殖
・オオムラサキの定着と生息地づくり
・景観の保全・環境の多様性

調べて育てる大切な緑

環境保全の前に

動物たちの暮らし方は、種類によってさまざまです。チョウやセミ、トンボやカマキリ。タヌキにウサギ。生活の場所・食べ物・子育ての仕方・子どもの数など、同一なものはありません。それぞれが長い歴史の中で、独自の生活史を築き上げてきた結果だからでしょう。

チョウと一口に言っても、モンシロチョウとアゲハチョウでは、幼虫が食べる植物が違います。アゲハチョウのなかま、シロチョウ科のなかま同士でも種によって幼虫の食べ物が違います。ギンヤンマのヤゴとオニヤンマのヤゴが育つ環境も、もちろん違います。

このような違いは、決してチョウやトンボなどの限られた生物に当てはまるものではありません。

つまり、都市の緑地や里山の草地、雑木林などの保全と管理をし、多くの動植物たちにとって好ましい環境を提供する以前の問題として、どこに・どのような動植物が暮らしているのかを知ることが必要です。それは、すべての緑地保全、自然生態系の保護につながる大切なものです。

ノウサギの暮らしと環境

たとえば、ノウサギの生活について考え

ヤブガラシの花にきたアオスジアゲハ（上）**と樹液に集まるオオムラサキ**（右）　チョウの幼虫の食べ物はさまざま。アオスジアゲハの幼虫はクスノキの葉を、オオムラサキの幼虫はエノキの葉を食べます。成虫も、すべてのチョウが花の蜜を好むわけではありません。

てみましょう。

ノウサギは、ササなどの植物の若芽や葉、樹皮などを食べて生活する完全な草食動物です。彼らの生活を安定させるためには、林床に高さ60cm程度のササや植物が存在していることが前提となります。

ノウサギの出産する時期を知っておくことも重要です。出産期に林の下草刈を行えば、仔ウサギの命を極めて危険な状況に追い込んでしまいます。ノウサギは林内の草地のちょっとしたくぼみ（フォーム）で出産するからです。妊娠期間は35～50日。生まれた仔ウサギは数日以内に自力で歩き回ることができます。親ウサギのミニチュアといった感じで、まるでぬいぐるみのようです。

参考までに紹介しますと、ペットとして家庭や学校で飼育されているウサギの多くがアナウサギ種です。アナウサギたちは、地下に複雑なトンネル（ワーレン）を掘って出産・子育てをこの中で行います。アナウサギの仔はノウサギより約10日ほど早く生まれるため、仔ウサギは閉眼・体温調節機能も未発達な状態で、ノウサギのように自力で活動できません。アナウサギたちは天敵のタカやキツネなどに襲われた時など地下の巣穴に逃げ込み、敵が去るのを待ちます。

ところが、巣穴を掘る習性を持たないノウサギは、敵に発見されたら猛スピードでその場から逃げ、茂みの中に姿を隠します。この時、仮に一面の草刈が行われていたらどうなるでしょうか。

雑木林に暮らす仔ウサギにとってはタカに捕食されるよりも、放し飼いのイヌに追われたり、カラスや人間に発見されることの方がはるかに多いでしょう。

ノウサギの出産は9月頃にも観察されることがありますが、多くはコジュケイ・キジたちの抱卵の時期にも当たります。彼らも雑木林の林床や草地などに簡単なくぼみをつくって6～8個の卵を産みます。抱卵に入った雌キジはちょっとやそっとではその場を離れようとしません。そんなキジたちの習性を知らずに草刈をしたら……。抱卵中の雌キジが草払機に切られて死亡する事故については、すでに紹介した通りです。⇨ p.21

動植物と人の共存を目指して

生物たちの暮らしに注目することで、それぞれの環境がさまざまな動植物にどのように利用されているかなど、具体的な状況が見えてくるはずです。生物の暮らしがわかれば多くの事故などを事前に防ぐことができるはずです。

都市に残された、限られた緑地の維持管理には、事前の「動植物調査」は必要不可欠なモノと言えるでしょう。

しかし、調査は野生動植物の保全や保護のためだけの目的で行うものではありません。今や都市に残された緑は、人と野生動植物の共有の財産だからです。

今日のように緑や自然に対して関心を持つのは、おそらく人の歴史が始まって以来初めてのことではないでしょうか。人と生き物が共存する美しい里山・都市の緑地を次の世代へ引き継ぐためにも、生態調査は不可欠です。

鳥類の観察と調査を活用した緑地管理①

生き物が教えてくれる環境

野生動物には、さまざまな環境に適応できる種と、そうでない種が存在します。

ハシブトガラスは海抜0ｍから標高2000ｍ以上の場所でも暮らしています。一方、ライチョウは南アルプスや北アルプスなどの高山の限られた所にしか生活していません。

生き物が生活していくためには、食物があることと営巣場所、子育てをしたり、越冬したりする環境が保証されていることが条件となります。生ゴミをあさり、木の実や昆虫、カエルや魚、ときにハトやネズミ、子猫にいたるまで何でも食べてしまうハシブトガラスは、鉄塔や電信柱、街路樹にも巣をつくって子育てをする、いわゆる適応範囲の広い鳥です。ところがライチョウは、数少ない高山植物の葉や果実、限られた時期にしか発生しない昆虫を食べて暮らしています。こちらは適応範囲の狭い種です。

同様なことは、地球上に生存するすべての動植物に当てはまります。特定な環境にしか適応できない動植物は、ときに減少し、場合によっては絶滅への道をたどった例も少なくありません。この現実は私たちの身近な場所でも進行中であることを認識しなくてはなりません。

▲ハシボソガラスだけがたくさん見られても、そこが豊かな環境とはいえません。

どのような環境でも生活できる種が見られても、その環境が良好な自然が保たれているとは言えません。異なる環境を好むさまざまな種が見られれば、その緑地に多様な環境が存在していることがわかります。

ウグイスが見られない地域は、ウグイスの暮らせる環境が失われているわけです。コジュケイやキジがいなければ、それらが生活できる環境も失われていることを調査は教えてくれます。公園や緑地の自然環境の現状を知るためにも、観察や調査は有効な手段です。

●心構えが大切

観察や調査といっても、林や森、草地や丘を何となくぶらぶらと散歩のように歩いていたのでは何にもなりません。得られたデーターを分析して現状を知ることや、今後の管理に活用する基礎資料づくりなど、フィールドに出る前に、あらかじめ目的と目標をかかげておいた方が調査中の集中力もアップすることでしょう。

方法

観察や調査を行っていく上で大切なことは、観察した種の個体数を数えることです。これをセンサス（census）と言います。

①どんな鳥が、

②どのような場所に

③どのくらいいるのか、

比較してその変化を統計的に調べていくわけです。数を記録することは、さまざまな分析の基本となるので、決して怠ってはなりません。たとえば、ハシブトガラスが1羽いるのと2000羽いるのとは大違いです。また、変化を調べるために、調査をスタートさせる時間、観察記録をとるコースを毎回同じにする必要があります。

●比較の方法

実行したセンサスの集計は、大変重要な生態的資料となります。たとえば、観察した種類数(出現頻度)と個体数(密度)です。これらを比較・分析することで、鳥たちから見た環境などがわかります。

出現頻度の算出

$$\frac{\text{その種が出現した日数}}{\text{観察した総日数}}\ \%$$

鳥相内出現率の算出

観察地で見られた種類の中で、その種が見られた頻度です。その種が観察地の中でどの程度普通種であるかを知る手がかりにもなります。

$$\frac{\text{その種の出現回数}}{\text{観察全種類の記録回数}}\ \%$$

優占度の算出

観察地内の鳥類相の中で、その種がどの程度の個体数の割合を占めているのかを見る指数です。

▲「秋になるとトビが増える気がする」のが本当かどうか、調査でわかります。

$$\frac{\text{その種の観察した個体数}}{\text{全種類の観察した個体数}}\ \%$$

鳥相内相対密度の算出

観察地の中で最も多く見られた種の個体数を100とした場合の他の種の比較率です。

$$\frac{\text{その種の個体数}}{\text{最も多い種の個体数}}\ \%$$

楽しく続けよう

何事にも言えることですが……。

調査や観察を始めたら、まずは続けることです。私の経験では、1か月に2回程度が無理なく続けられる数ではないかと思います。

最初の1か月、4、5回と頑張っても、2、3か月で燃料切れになったのでは、せっかくの調査も生かされません。楽しく無理なく、心地よく行うことが長続きするコツのようなものです。使命感や義務感では長続きしないばかりか、楽しさも心地よさもありません。

鳥類の観察と調査を活用した緑地管理②

調査を活かして（鳥類）

調査を行うことで、それまでは気付かなかったこと・見過ごしてきたことが、野鳥の生活を通して具体的に見えてきます。

たとえば、ある緑地調査（鳥類）を11月に行ったとします。その結果、虫や木の実などを主に食べるシジュウカラ・メジロ・コゲラ・ヒヨドリが多く観察されたのに対し、草の種を主食としているホオジロ・アオジ・カシラダカが観察できなかったとします。この結果から、その緑地の草地には草の種が付いていないことがわかり、草の種が付くような時期の草刈が必要だということが判明するわけです。

同様に、5月の調査でウグイスの鳴き声が一度も確認できなかったら……。これは、ウグイスの繁殖がされていないことを示し、茂みの環境が不十分であることがわかってきます。

このように、調査は、生き物の暮らしを通してその環境の状況や状態を見極める、環境カルテのような役目を果たします。また、管理目標や方向性を見極め、その管理が適正に行われているかを検証するためにも四半期ごとの調査は大変有効なものです。

▲早春の雑木林の林床で食物を探すムクドリ

※右ページに鳥類センサス調査票を掲載しました。A4 判に拡大してご利用ください。

鳥類センサス調査票

観察者

年　　月　　日　　曜日　　　　　　　　　　天気（　　　）

観察時間

種名	個体数	合計

総合計

種　　点

A. 草地　B. 照葉樹林、スギ・ヒノキ林　C. 二次林

D. 水辺　E. その他

用語解説

本書に登場する用語を中心に、自然に親しんだり、庭や公園、里山などの緑地に手入れをしたりする際に知っていると役立つ言葉を取り上げ、50 音順で紹介してあります。

いにゅうせいぶつ【移入生物】 人為的に国内に持ち込まれて定着し、繁殖している動植物。帰化植物、帰化昆虫、帰化動物などともよぶ。

えだうち【枝打ち】 スギやヒノキなどの枝をその付け根から切り、除去する作業。この作業によって林内が明るくなり、風通しが良好となって、質の良い林材が生産できる。

えだきり【枝切り】 カエデやイチョウなど庭木や公園木などの剪定《せんてい》や手入れの際、枝をその付け根から切る作業。

えっとうたい【越冬態】 昆虫が冬を越す時の状態（卵・幼虫・蛹《さなぎ》・成虫）を示す。たとえば、モンシロチョウの越冬態は蛹。ゴマダラチョウやオオムラサキは幼虫。

かんばつ【間伐】 立木密度を適切に保ち、林木の発育を助けるため、林木の一部を伐採すること。

かんひ【寒肥】 冬から早春に行う肥料。

きゅうあいきゅうじ【求愛給餌】 カワセミなどが繁殖期に行う行動で、オスがメスに捕らえた魚などの餌を与える行動。

したくさがり【下草刈】 林内の風通しを良くし、夏は高温多湿になるのを防ぐ作業。林内の景観や環境を良好に保つ目的もある。

しょうようじゅりん【照葉樹林】 冬に落葉しないシイ類・カシ類、タブノキなどの常緑樹が主体となっている林。

じょうりょくぞうききょうせいりん【常緑雑木共生林】 コナラ・エノキ・クヌギなど落葉広葉樹の林の中にあるシイ類・カシ類、タブノキの大木を3～4月に切り、そこから出た若木を育てた林。常緑樹と落葉樹が共存し、草原地が出現するのが特徴。

しょくそう・しょくじゅ【食草・食樹】 チョウなどの幼虫は植物を食べて育つが、種によってある程度食物が決まっている。それが草本植物ならば食草、木本植物だと食樹という。

じんこうりん【人工林】 人間が建築材などを得る目的で植えたスギやヒノキ林など。

せいちょうてん【成長点】 主に植物の成長している先端付近をよぶ。

せんてい【剪定】 果樹などの樹形を整えながら、限られたスペースの中で樹木の生育を保ち、病害虫の予防を兼ねた管理作業の一つ。剪定には冬季・春季・夏季・秋季剪定がある。

ぞうきばやし【雑木林】 かつて薪《まき》や落ち葉などを得る目的で手入れされていたコナラ・クヌギ・シデなどの落葉広葉樹林。

そでぐんらく【ソデ群落】 **→マントぐんらく**

たびどり【旅鳥】 北上と南下の途中に一時的に日本に立ち寄る鳥。

たまぎり【玉切り】 切り倒した木を規定の長さに切り揃える作業。

溜め糞【ためぐそ】 動物の中にはフンをす

る場所が決まっているものがある。タヌキ・カモシカ・イタチなどがいる。

ついひ【追肥】 果樹などの樹勢を保ち、果実の肥大を図るために施す肥料。

てんてき【天敵】 カエルがヘビに食べられるような状況ではヘビがカエルの天敵となる。自然界では天敵の存在で、特定の種類が制限なく増えることが防がれている。

とちょうし【徒長枝】 直線的に急に大きく伸びる枝。必要な場合以外は付け根から除去する。

なつどり【夏鳥】 春に南方から日本に渡来し、繁殖をして秋に南に渡る鳥。

にじりん【二次林】 本来の林や森を人為的に切り開き、二次的に形成した林。

ひょうちょう【漂鳥】 一年を通して日本に生息しているが、季節的に地域を移動する鳥。

フィールドサイン【field sign】 野生鳥獣類がその場所に残した足跡・フン・羽・ペリット・体毛など。これを分析し、同定することで、その場所に存在した動物種を特定できる。

ふゆどり【冬鳥】 北方で繁殖し、秋に日本に渡来して冬を過ごし、春に北へ戻る鳥。

ペリット【pellet】 カワセミやフクロウなどが口から不消化物を吐き出した固まり。

ほごしょく【保護色】 動物が自身の天敵から逃れるなどのために、周囲の色に似せた体色。

マントぐんらく【マント群落】 低木とつる植物が林の縁を取囲む環境。林が衣服をまとっているかのように見えるので、このような場所をマント群落、またはソデ群落とよぶ。

もや【萌芽】 クヌギやコナラなどの切り株や根から出た若芽。2～3年後、これらの萌芽のうち成長の良いものを数本残して、後は取り除いてしまう作業を「もやわけ」とよぶ。

らくようじゅりん【落葉樹林】 コナラ、エノキ、クヌギなど、冬に葉を落とす落葉樹が主体となっている林。

りゅうちょう【留鳥】 一年を通して日本に生息する鳥。

りんえん【林縁】 林のへりの部分。森林性の植物と草原性の植物などが混在する場所。

りんしょう【林床】 森や林の最も低い位置と環境を林床とよぶ。

ロゼット【rosette】 冬期のタンポポやマツヨイグサなど、節と節の間が極度に短い茎から水平に葉が出ている発育の状態。春、節間が成長してロゼットは解消する。

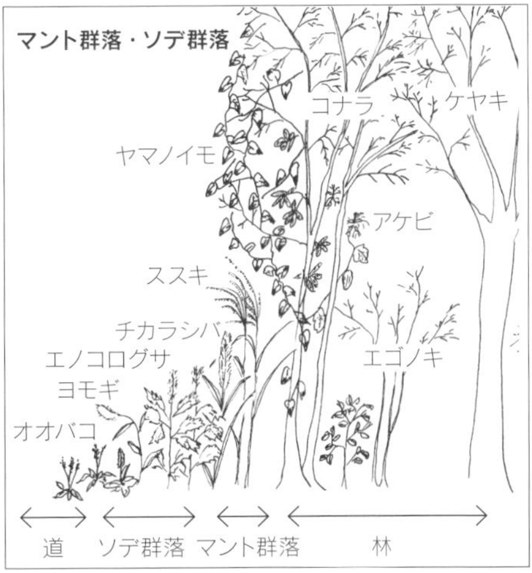

マント群落・ソデ群落
コナラ
ケヤキ
ヤマノイモ
アケビ
ススキ
チカラシバ
エノコログサ
エゴノキ
ヨモギ
オオバコ
道
ソデ群落
マント群落
林

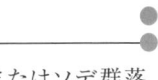

動植物名さくいん

おわりに

公園管理30数年間。何ごともあきらめず、腐らず続けること。

当たり前のようですが、私はこの本を書き上げるにあたって、あらためてそのことを実感いたしました。

30年のキャリアというと、いかにも長い年月のように感じますが、春夏秋冬という季節のサイクルの中にあっては、各時期を30数回ずつしか経験していないことになります。その時・この時が最初で最後の出会いかもしれません。このような思いから、私はフィールドノートを手放せなくなりました。樹木の剪定・刈り込み・草刈・池や水路の清掃、そしてそこに生息するすべての生き物が私の好奇心を刺激し、その時の驚きや発見のすべてがフィールドノートに書き込まれていきました。

本書で紹介してきた生き物や植物たちは、そんな私のフィールドノートに登場する主役たちです。彼らは長い歴史の中で進化を繰り返し、色々な工夫や戦略をもってそこに存在する我々の同朋です。彼らは小さな声で、私にたくさんのヒントと知恵を与えてくれました。

ほんの数年前までの公園管理は、生物の多様性・自然・環境の保全・保護などといったスローガンだけが独り歩きし、実際には砂埃を上げながら草刈の繰り返し、キジやウサギの繁殖期の林床刈りなど、生き物が暮らせる環境とは遠い存

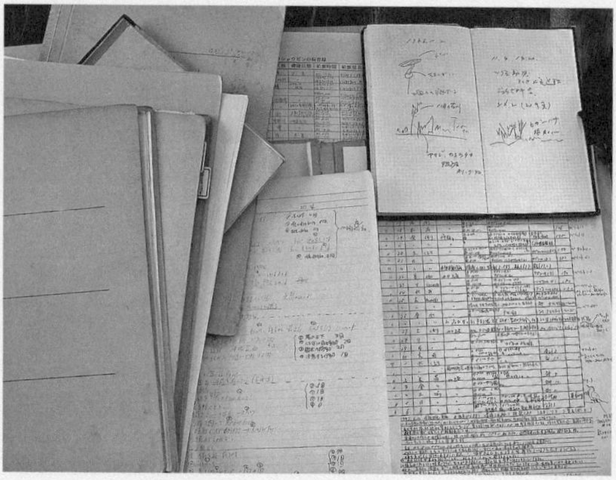

毎日の小さな観察や記録が私の大切な宝物となっています。

在でした。景観ばかりが重視され、生き物との共存を求めていくことは難しい状況でした。

小さな公園でも、ほんのひとかたまりの草地を残したり、管理方法を工夫したりすることで、生き物との共存が可能となります。自然とのふれあいは、さまざまな出会いや発見、感動を与えてくれることでしょう。

カタクリやスミレ、トンボやメダカ、チョウや野鳥たちの暮らしを守ること・・・それは、私たち自身が健康に生活していくための豊かな環境を残すことにほかなりません。

豊かな自然は、豊かな人の心と体を育てます。自然は、思いやりのある優しい社会をつくる我々の大切な宝物であることを再認識したいものです。私たち自身が世代を越えて、自然のメッセンジャーとしての意識をもった時、それが野生との共存のスタートなのかもしれません。

最後に、今回の出版は私自身が公園管理の現場に居られたことが一つのきっかけとなりました。この間、さまざまな場面で努力してくださった横浜市環境創造局の方々、並びに、活動にご協力くださったボランティアの皆さんに感謝いたします。

また、本書出版の機会を与えてくださった文一総合出版の斉藤博氏には心から感謝申し上げます。そして、同出版社の椿康一氏には、常に適切なアドバイスを頂きました。平塚市立博物館の浜口哲一館長、神奈川県立生命の星・地球博物館の高桑正敏氏には、お忙しい中、昆虫の同定等でご指導を頂きました。また、石井悟氏は、常に私の思いを聞いてくださり、この研究を続けていく上での大きな力となりました。さらに、仲瀬葉子氏との出会いがなければ、私の長年の思いや、自然からのメッセージをこのような形で社会に送り出すことができなかったと思います。

この場をお借りして、あらためて皆様に感謝申し上げます。

2007年12月　神保賢一路